郑州旅游职业学院高层次人才科研项目

项目编号：RCXM-2023-02

食品加工原理与技术研究

侯丽芬　朱丹丹　著

天津出版传媒集团

天津科学技术出版社

图书在版编目（CIP）数据

食品加工原理与技术研究 / 侯丽芬, 朱丹丹著. --
天津：天津科学技术出版社, 2024.4
　　ISBN 978-7-5742-1962-5

　　Ⅰ.①食… Ⅱ.①侯… ②朱… Ⅲ.①食品加工 – 研
究 Ⅳ.①TS205

中国国家版本馆CIP数据核字(2024)第071058号

食品加工原理与技术研究
SHIPIN JIAGONG YUANLI YU JISHU YANJIU

责任编辑：田　原
责任印制：兰　毅
出　　版：天津出版传媒集团
　　　　　天津科学技术出版社
地　　址：天津市西康路35号
邮　　编：300051
电　　话：（022）23332377
网　　址：www.tjkjcbs.com.cn
发　　行：新华书店经销
印　　刷：河北万卷印刷有限公司

开本 710×1000　1/16　印张 15.75　字数 218 000
2024年4月第1版第1次印刷
定价：98.00元

前　言

　　食品加工是一门涉及将原材料转换为食品产品的科学和技术，它不仅涉及物理和化学过程，还涉及生物技术的应用，以增强食品的营养价值、改善口感、延长保质期和增加食品的安全性。食品加工的目的是满足不断变化的消费者需求，同时确保食品的质量和安全。食品加工过程会使用各种技术和方法，如干燥、加热、冷冻、腌制、发酵和膨化等。这些技术有助于保留食物的营养成分，同时去除或减少有害物质。通过精心设计的加工流程，食品加工可以提高食品的可食用性和消化吸收率，使食品更符合消费者的健康和营养需求。随着科技的发展，食品加工领域也在不断进步。现代食品加工技术（如基因工程、纳米技术和自动化包装）正在改变食品的生产方式，这些技术不仅提高了生产效率，还可以生产出质量更高、更安全、营养价值更丰富的食品。

　　本书内容全面，系统分析了食品加工单元的操作原理及实用技术，主要包括食品微细化、食品分离、食品浓缩与结晶、食品热处理、食品膨化、食品干燥等，最后对现代食品生物技术及应用进行了探讨，整体内容既体现系统性、科学性，又注重实用性。本书适合食品科学与工程、食品技术、食品安全等相关专业的学生和教师阅读，也可作为食品加工企业工程师、技术人员和食品质量监督员的参考资料。

　　鉴于食品科学技术是一个快速发展的领域，书中的某些内容可能会随着最新研究成果和技术进步而变得过时，因此需要广大读者持续关注食品科技的最新动态和发展趋势。我们鼓励读者结合本书内容，深入探索和学习新的研究成果和先进技术，以便更全面地理解和应用现代食品加工的原理和方法。我们也期待读者的反馈和建议，以帮助我们不断更新和完善本书内容，使其更加贴近实际应用和科技发展的前沿。

目 录

第一章　食品加工概述

第一节　相关概念界定

一、食物

食物是指可供食用的物质，是人体生长发育、更新细胞、修补组织、调节机能必不可少的营养物质，也是产生热量、保持体温、进行体力活动的能量来源，主要来自动物、植物、微生物等，是人类生存和发展的重要物质基础。[①]

二、食品

食品指各种供人食用或者饮用的成品和原料以及按照传统既是食品又是中药材的物品，但是不包括以治疗为目的的物品。[②]

食品也可以是经过处理或加工的商品，既可以是成品也可以是半成品。作为商品的食品，其最主要的特征在于每种食品都必须遵守严格的

---

① 翟玮玮.食品加工原理[M].2版.北京：中国轻工业出版社，2018：1.
② 魏强华.食品加工技术与应用[M].2版.重庆：重庆大学出版社，2020：1.

理化和卫生标准。这意味着，食品不仅是可食用的内容物，还包括为了流通和消费而采用的各种包装方式和内容（形体）以及销售服务。

食品应具有的基本特征如下。

第一，具有固有形态、色泽及合适的包装和标签，这保证了食品的识别性和吸引力。

第二，具有能反映食品特征的风味（包括香味和滋味），这是食品吸引消费者的关键因素。

第三，具有合适的营养构成，可提供必要的营养成分，满足人体需求。

第四，符合食品安全要求，不应存在生物性、化学性和物理性危害，确保消费者健康。

第五，具有良好的耐贮藏和运输性能，具有一定的货架期或保鲜期，以便于长途运输和存储。

第六，方便使用，易于准备和消费，以满足现代生活的快节奏。

三、食品加工

食品加工是指改变食品原料或半成品的形状、大小、性质或纯度，使其符合特定的食品标准和要求的过程。作为制造业的一个重要分支，食品加工从动物、蔬菜、水果等原料开始，通过人力、机器、能量及科学知识的投入，将这些原料转变成成品或可食用的产品。这一过程不仅转换了食品的形态，还提高了原料的附加值。随着科技的发展，现代食品加工是指对可食资源进行技术处理，以保持和提高其可食性和利用价值，开发适合人类需求的各种食品和工业产物的全过程。

大部分食品加工方法旨在通过控制或消除微生物活性来延长食品的保质期，并确保其安全性。这些加工方法也会对食品的物理属性和口感产生影响。主要的食品加工技术如下。

第一，热处理（包括巴氏杀菌和商业灭菌），它通过增加温度来处理食品。

第二，冷处理（如冷藏和冷冻），它通过降低温度来保存食品。

第三，水分去除，如通过干燥或浓缩方法来减少食品中的水分含量。

第四，运用特殊的包装技术来保持食品经加工后的理想状态，包括气调包装和无菌包装技术。

四、食品工业

食品加工以商业化或批量甚至大规模生产食品，就形成了相应的食品加工产业。食品工业是主要以农业、渔业、畜牧业、林业或化学工业的产品或半成品为原料，将原料制造、提取、加工成食品或半成品，具有连续而有组织的经济活动工业体系。

食品工业在社会和经济中扮演着至关重要的角色。它不仅可以满足社会对日常必需品的需求，还对提高国民体质和促进社会稳定有重要意义。充足的食品供给是社会稳定和繁荣的基石。

食品工业具有独特的经济特点，包括较少的初始投资需求、较短的建设周期和快速的收益回报，这使食品工业成为一个投资效益高的领域。因此，食品工业不仅是我国国民经济的支柱产业，还是全球各国的主要工业之一。其对全球经济的贡献以及在提供就业和促进国家经济增长方面的作用，使食品工业成为一个不可或缺的行业。

第二节　食品的功能与质量

一、食品的功能

食品的主要功能如图 1-1 所示。

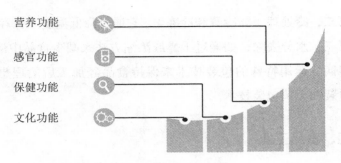

营养功能

感官功能

保健功能

文化功能

图 1-1　食品的功能

（一）营养功能

食品的营养功能是其最基本和最重要的功能。食物为人体提供必需的营养物质，包括碳水化合物、蛋白质、脂肪、维生素和矿物质，这些营养物质对于身体的生长、维持正常生理功能、修复组织以及产生能量至关重要。碳水化合物是能量的主要来源，蛋白质是细胞和组织生长的基石。脂肪不仅提供能量，还是维生素的溶剂和必需脂肪酸的来源。维生素和矿物质虽然只需要少量，但对身体的健康和功能维持至关重要，它们参与诸多生理过程，如代谢、骨骼健康和免疫系统功能。

（二）感官功能

食品的感官功能是指满足消费者在视觉、触觉、味觉、听觉等多方面的感官需求的特性。这一功能体现在食物的色泽、香气、味道和质地上，涵盖了外观、质地和风味等多个方面。赋予食物鲜明的色彩、丰富的香气、多样的味道和独特的质感，不仅增加了食物的吸引力，提升了消费者的用餐体验，还有助于促进食品的消化和吸收。

在现代生活中，许多传统食品的加工生产不再单纯为了延长保质期，而是为了提供特殊的风味以满足消费者的感官需求。例如，烟熏食品的加工方式起初是为了食品保存，但现在更多地成为一种创造独特风味的方法，烟熏鱼在北欧地区和英国等地的普及反映出消费者对尝试不同口味的追求。

食品感官功能的提升常通过添加色素、香料、调味料等方式实现。色素的添加可以增强食物的视觉吸引力，激发食欲；香料的使用提供了食物的香气；而食盐、糖、味精等调味料及发酵酱料主要用于增强食物的味道。对于干燥食品（如薯片），其酥脆的口感则提供了独特的触觉体验。因此，食品的感官功能在现代食品加工和消费中占据了重要地位，直接影响消费者的购买意愿和用餐满意度。

（三）保健功能

食品的保健功能是指它们在维持身体健康和预防疾病方面的作用。除了基本的营养供给，某些食品含有能够提升健康水平和减少疾病风险的成分，包括抗氧化剂、纤维素、健康脂肪和其他生物活性化合物。抗氧化剂（如维生素 C 和 E 以及某些植物化学物）能够中和有害自由基，减少氧化应激和细胞损伤。高纤维食物有助于消化系统健康，预防便秘，降低某些类型癌症的风险，同时可以维持健康的体重和血糖水平。不饱和脂肪（如 Omega-3 脂肪酸）对心脏健康特别有益，可降低心血管患病风险。某些食品还具有特定的健康益处，如发酵食品中的益生菌对肠道健康的促进作用。因此，通过选择具有保健功能的食品，人们能够提高饮食质量，促进整体健康，降低慢性疾病的发病风险。

（四）文化功能

食品的文化功能体现在它如何连接历史、传统和社会身份。食物是文化传承和表达的重要媒介，每种文化都有其独特的食物和烹饪传统。食物不仅是营养的来源，还是文化身份和历史的象征。节日和庆祝活动常常围绕特定的食物进行，这些食物在许多文化中具有重要的象征意义。例如，某些文化中的婚礼、生日和宗教节日等重要场合，特定食物的选择和准备方式承载着丰富的文化意义和历史传统。食物也是人际交流和社交活动的核心，它促进了社区内的交流和团结，加强了人与人之间的联系。通过食物，人们可以体验和理解不同的文化，这在促进文化多样性和相互理解方面发挥着重要作用。因此，食物不仅是营养和味觉的源泉，还是文化交流和表达的重要渠道。

二、食品的质量

人们在选择食品时会考虑各种因素，这些因素可以统称为"质量"。质量曾被定义为产品的优劣程度，也可以说，质量是一些有意义的、使食品更易于接受的产品特征的组合。[①] 食品质量是构成食品特征及可接受性的要素，主要包括食品的感官质量、营养质量、安全质量和保藏期等方面。

（一）感官质量

食品的感官质量是衡量食品质量的重要指标之一，随着人们生活水平和消费水平的提高，消费者对食品的色泽、香气、味道、外观、组织状态和口感等感官因素的要求越来越高。食品的感官质量通常涵盖外观、质构和风味三大类。

1. 外观因素

食品的外观因素是消费者对食品评价的重要依据，它包括多个维度，如大小、形状、完整性、损伤程度、光泽、透明度、色泽和稠度等。

食品的大小可以直接影响食品的吸引力和适用性。例如，在水果和蔬菜的选择上，大小通常与成熟度和品质相关联；在加工食品中，饼干或糖果的大小则可能影响其便携性和食用便利性。

食品的形状不仅影响食品的外观吸引力，还可能影响食品的口感和食用体验。不同形状的食品可能在嚼感上有显著不同，如圆形与长条形的糖果。

食品的完整性指的是食品是否完整无损，它通常是品质和新鲜度的指标。例如，完整无损的水果通常比破损或有瑕疵的更受欢迎。

食品的损伤程度直接关系到食品的新鲜度和保质期。例如，水果和

---

① 秦文.食品加工原理[M].北京：中国质检出版社，2011：21.

蔬菜的损伤可能导致腐烂加速，降低食品的吸引力。

食品的光泽度可以反映食品的新鲜度和质量。有光泽的表面通常给人以新鲜、高品质的印象。例如，新鲜的水果和蔬菜通常有自然光泽。

对于某些食品（如果汁和肉类）而言，透明度是重要的质量指标。透明度高的产品通常被认为更纯净、更具吸引力。

食品的色泽不仅影响食品的外观吸引力，还可能与食品的口感和营养相关联。例如，鲜艳的色泽通常与新鲜和营养丰富相关联。

对于液体或半固体食品（如果酱、糖浆或汤品），稠度是一个重要的质量指标。稠度可以影响食品的口感和外观以及在食用时的感官体验。

2. 质构因素

食品的质构因素是感官质量评估中极为重要的一部分，直接影响消费者对食品的喜好和接受度。质构主要涉及手感和口感，包括坚硬度、柔软度、多汁度、咀嚼性以及砂砾度等特性。食品的质构特征决定了人们对某种产品的偏好。例如，人们期望口香糖具有良好的耐嚼性，饼干或薯条应该酥脆，而牛排应该柔软易嚼。这些质构特点不仅影响食品的感官体验，还可能影响食品的品质和加工方法。

对食品质构的检测通常涉及评估食品在受到外力作用时的抗性。为此，人们已经设计了多种专用的检测仪器（如嫩度计可用于测量豌豆的嫩度），通过压缩和剪切作用来评估。

食品的质构并非一成不变，会受到多种因素的影响，其中水分的变化和存放时间起到主要作用。例如，新鲜果蔬的软化是由于细胞壁的破裂和水分的流失，而在干燥处理后，果蔬会变得更坚韧、咀嚼性更高，适用于制作杏干和葡萄干等。

食品成分的变化也会影响质构。例如，油脂作为乳化剂和润滑剂，可以使焙烤食品更加柔软；淀粉和胶类物质作为增稠剂，可提高食品的黏度；液态蛋白质在加热时会凝结，形成坚硬结构；糖的浓度变化对食品质构也有显著影响，低浓度可以增加饮料的口感，高浓度则会提高黏度和咀嚼性，浓度更高时可产生结晶，增加脆性。此外，食品生产商还常用食品添加剂来改善食品的质构，以适应消费者的不同需求和喜好。

3. 风味因素

风味因素是对食品整体味觉和嗅觉体验的评价，包括舌头能尝到的口味（如甜味、咸味、酸味和苦味）和鼻子能闻到的香味。虽然"风味"和"气味"常被混用，但前者通常指味道和气味的综合体验，而后者专指气味。风味和气味的评价通常是非常主观的，很难进行精确测量。一个食品的风味不仅取决于基本口味的组合，还取决于能产生特有香气的化合物。例如，某些食品中独特的香气成分可以提供独特的风味。

尽管存在多种科学方法来测定食品中的特定成分（如用折光仪测定糖的浓度、用碱滴定法或电位测定法确定酸的浓度、用气相色谱法测定特殊风味物质组成），但对食品的整体感官评价仍需考虑消费者的可接受性。目前，没有任何检测方法能完全代替人工品尝。

感官质量的评价方法也在不断发展和改进。传统的感官评定方法依赖于人的感觉器官对食品的评价，常由专家进行，可能缺乏科学性和可信度。现代感官评定方法引入了概率统计原理、感官的生理学和心理学知识以及电子计算机技术，从而避免了传统评价中的缺陷，提高了可信度。这些方法为食品工业生产中的感官检验提供了更完善的理论基础和科学依据。

（二）营养质量

食品的营养质量是衡量食品对人类健康贡献的重要指标，主要体现在提供生长发育、组织修复和生命活动所需的热能和营养物质上。随着科学的发展，营养平衡的重要性日益凸显。食品的营养价值主要依赖于食品的营养成分及相应含量，这些通常可以通过化学分析或仪器分析来测定，并标注在食品包装上。

为了规范食品营养标签的标示，指导消费者合理选择食品，促进膳食营养平衡，保护消费者的知情权和身体健康，相关部门制定了《食品营养标签管理规范》。食品营养标签应向消费者提供食品营养成分信息，包括营养成分表、营养声称和营养成分功能声称。其中，营养成分表标示了能量、蛋白质、脂肪、碳水化合物、钠等核心营养素的含量以及饱和脂肪酸、胆固醇、糖、膳食纤维、维生素和矿物质等。营养声称描述了食物的营养特性，营养成分功能声称则用于说明某营养成分对人体的具体作用。

评价食品的营养质量不仅需要测定特定营养成分的含量，还需进行动物饲养试验或相应的生物试验。例如，在评价蛋白质资源的营养质量时，相关人员需要考虑蛋白质含量、氨基酸组成、消化性能及氨基酸吸收间的相互作用。

（三）安全质量

食品的安全质量是指食品在生产、加工、储存、运输和销售的整个过程中，必须确保无毒、无害、无副作用，防止污染和有害因素对人体健康造成的危害。

食品不安全的因素包括微生物、化学和物理方面。微生物指标包括细菌总数、致病菌、霉菌等；化学污染指标涉及重金属（如铅、砷、汞等）、农药残留、药物残留（如抗生素和激素类药物等）；物理因素则包括食品在生产和加工过程中的放射性核素污染、杂质超标或食品外形引起的食用危险等。食品的质量还包括其他不安全因素，如疯牛病、禽流感、H1N1型流感、假冒伪劣食品、食品添加剂的不合理使用以及对转基因食品的疑虑等。

（四）保藏期

食品的保藏期也称为保质期，是指在正常储存条件下，食品可以保持其质量特性的时间长度。这段时间内，食品应保持其营养价值、风味、色泽、质构和安全性，不产生对人体健康有害的变化。保藏期的长短受多种因素影响，包括食品的种类、加工方法、包装材料、储存条件（如温度、湿度、光照）和食品中添加剂的使用等。

1.食品种类

不同种类的食品有着不同的保藏期。例如，新鲜水果和蔬菜的保藏期通常较短，干燥食品、罐头食品等则能长期保存。

2.加工方法

食品的加工方法直接影响食品的保藏期，如巴氏杀菌、冷藏、冷冻、脱水、真空包装等方法能显著延长食品的保藏期。

3.包装材料

使用适当的包装材料可以减少食品与外界环境的接触，延长食品的保藏期。

4.储存条件

适当的储存条件是确保食品在保藏期内保持良好品质的关键。温度、湿度和光照的控制对防止食品变质至关重要。

5.食品中的添加剂

食品中的防腐剂和其他添加剂可以抑制微生物的生长和食品的氧化，从而延长食品的保藏期。

食品的保藏期是消费者选择和使用食品的重要参考，也是食品生产和销售的关键因素。生产商在确定食品保藏期时，需要综合考虑上述各种因素，并进行严格的测试和评估。正确地储存食品和使用保藏期信息，对确保食品安全和防止食物浪费具有重要意义。

第三节　食品加工目的和要求

一、食品加工的目的

（一）延长食品的保藏期

食品作为一类特殊的商品，也需要进入商品流通领域，这就要求食品必须有一定的保藏期，食品加工可以赋予食品这一特性。通过各种加工方法（如冷冻、腌制、干燥和罐装），食品加工可以有效地延缓食品的自然老化和微生物的生长，从而延长食品的保藏期。冷冻技术通过降低温度，可以减缓细菌的生长速度，延长食品的新鲜状态。腌制通过添加盐分或其他防腐剂来抑制细菌的生长，保持食品的长期可食用性。干燥通过去除食品中的水分来防止微生物的生长，延长食品的存储时间。罐装食品经过高温杀菌并封闭在无菌容器中，可以在不使用防腐剂的情况下长期保存。这些加工方法延长了食品的保藏期，使食品在储存和运输过程中更加稳定，能够降低因食品变质导致的健康风险，为消费者提供更安全、更卫生的食品选择。

（二）增强食品的营养价值

食品加工还可以增强食品的营养价值，使食品更能满足现代人的健康需求。通过各种加工手段，食品加工可以在食品中添加维生素、矿物质以及其他必需营养物质，从而提高食品的整体营养价值。例如，强化食品中添加维生素 D 和钙，可以帮助预防骨质疏松症；谷物产品中添加铁和叶酸，可以预防缺铁性贫血和胎儿神经管缺陷。食品加工改善的不仅是营养物质的含量，还包括营养物质的生物利用度，即营养物质被人体吸收和利用的效率。某些加工方法（如发酵）可以降低食物中抗营养因子的含量，从而提高营养物质的可利用性。加工过程中的某些步骤还可以帮助释放食品中原本不易吸收的营养成分，如将谷物磨成面粉可以提高其碳水化合物的可消化性。总之，通过科学合理的加工方法，食品加工可以使食品成为营养更加全面、更易于人体吸收的健康食品。

（三）提高食品的食用便利性

提高食品的食用便利性是食品加工领域的重要目标之一，能够适应现代快节奏生活的需求。随着工作节奏的加快和生活方式的多样化，许多人寻求快速而方便的饮食解决方案。加工食品（如即食食品、速冻食品和罐头食品）正是为了满足这一需求而设计的。这些食品通过预处理、预烹饪和包装，大大减少了消费者的准备和烹饪时间。例如，速冻食品只需简单加热即可食用，罐头食品则可以直接开盖食用或轻松加工；便携式和单份包装的食品也方便了人们在工作中或外出时食用，无须复杂的准备工作。通过这些方式，食品加工不仅使饮食更加方便快捷，还有助于适应不同消费者的生活节奏和饮食习惯。

（四）改善食品口感和外观

消费者对食品的选择不仅基于营养价值和保藏期，还极大程度地受到口感和外观的影响。加工技术可以通过改变食品的质地、口味和色泽来满足消费者的口味和审美需求。例如，烘焙过程可以使面包和饼干产生金黄色泽和酥脆口感；发酵过程可以提升面食的口感和风味；冷冻技术能保持果蔬的新鲜度和色泽。食品色素和调味料的使用也能够改善食品的外观和味道，使食品更具吸引力。这些加工方法不仅增加了食品的多样性，还提高了食品的市场吸引力，满足了不同消费者的个性化需求。因此，通过食品加工改善口感和外观在提升消费者用餐体验的同时，增强了食品的市场竞争力。

二、食品加工的要求

（一）卫生和安全性要求

在食品加工中，卫生和安全性是重要的要求之一，涉及从原材料的选择、存储到加工、包装和最终分销的每一个环节。原材料必须是安全且无污染的，我们需要对原材料的来源进行严格的检查，确保它们不含有害化学物质或微生物。加工过程需要严格控制环境条件（如温度、湿度）和操作流程（如清洁、消毒），以避免交叉污染和微生物生长。易腐食品（如肉类和乳制品）必须在特定温度下处理和储存，以防止细菌滋生。加工设备和工作环境的卫生也是关键，需定期清洁和维护。成品的检验是确保食品安全的关键环节，需要通过各种检测手段（如微生物检测、化学残留检测）来确保产品符合食品安全标准。这些措施共同保证了食品从生产到消费的全过程都符合安全卫生标准，从而保护消费者的健康。

（二）营养保持要求

食品加工过程要尽可能保持原始食材的营养价值，这要求在选择加工技术和过程参数时要考虑其对食品中营养成分的影响。例如，维生素和某些矿物质在高温或长时间加工过程中容易破坏，因此需要采取温和的加工方法（如低温烹饪或快速加热技术），以减少营养损失。在某些情况下，食品加工可以增加食品的营养价值，如发酵过程可以增加某些食品的维生素含量。强化和富集是另一种提高食品营养价值的方法，通过向食品中添加额外的营养物质（如在早餐谷物中添加铁和维生素），这些食品可以弥补日常饮食中的营养不足。加工过程还应注意最大限度地减少食物中有益成分的损失，如在加工蔬菜时采用蒸煮而非长时间的沸煮，可以保持蔬菜中的维生素和矿物质。通过这些方法，食品加工有助于提供营养丰富、符合健康饮食需求的食品。

（三）感官质量要求

在食品加工中，感官质量是至关重要的考虑因素，涉及食品的口感、色泽、香味和质地。良好的感官质量不仅能增强食品的吸引力，还能提升消费者的用餐体验。因此，加工过程中需要采取适当的方法和技术来优化或维护食品的感官属性。例如，控制加工温度和时间对于保持食品色泽和口感尤为关键，过高的加工温度可能导致食品过度焦化，影响其口味和外观，而不足的加工温度可能使食品未能得到充分烹饪，影响其质地和风味。在食品的味道调整方面，适当使用香料和调味品可以增强食品的风味，使食品更加令人满意。对食品的切割、形状和整体呈现方式的精心设计也有助于提升食品的外观吸引力。综合而言，通过精细的加工技术和方法，食品加工可以显著提升食品的感官质量，满足消费者对美味和吸引力的追求。

（四）包装要求

包装在食品加工中扮演着重要角色，不仅可以保护食品免受物理、化学和生物污染，还可以延长食品的保藏期。高质量的包装可以有效隔离空气、水分和微生物，减少食品变质的风险。选择合适的包装材料至关重要，这些材料应符合食品安全标准，无毒且不会与食品发生化学反应。例如，对于易受氧化的食品，采用防氧化包装材料可以延长食品的保藏期；对于需要冷藏的食品，使用保温性能良好的包装材料则能保持食品的新鲜和营养。包装设计还应考虑便于储存和运输的因素以及对环境的影响。包装上的标签信息也是重要的一环，应提供关于食品成分、营养信息、储存方法和保质期的准确信息。

（五）环境友好要求

在食品加工领域，环境保护已成为重要的考虑因素。这意味着整个加工过程应采取措施减少对环境的影响，包括减少废水和废气排放、降低能源消耗以及采用可持续和环保的原料。例如，废水处理和循环利用技术可以大幅减少水资源的浪费和污染排放；在能源使用方面，采用能效高、排放低的设备和技术可以降低食品加工的碳足迹。此外，选择可持续来源的原料（如有机农产品和公平贸易认证的食材）不仅支持了环保，还响应了社会责任。这些环保措施不仅减轻了加工活动对环境的负担，还符合越来越多消费者的环保意识和需求。因此，环境友好的食品加工不仅是对自然的尊重和保护，还是企业赢得市场和消费者认可的重要途径。

（六）合规性要求

对于食品加工企业而言，遵守相关的法律法规和行业标准是基本的操作准则，这些法律法规和标准包括但不限于食品安全法规、质量控制标准和标签规定。遵循这些规定不仅是法律责任，还是确保产品安全和卫生并被市场接受的前提。例如，食品安全法规确保了食品加工过程中的各种健康和安全标准符合要求，从而保护消费者免受有害成分和污染物的影响；质量控制标准则确保产品在口感、营养价值和包装等方面符合行业标准。准确的标签信息不仅提供了消费者需要的产品信息（如营养成分和过敏源），还是法律规定的一部分。遵守这些标准和规定有助于取得消费者的信任，提高企业的市场竞争力。因此，合规性是食品加工企业成功运营的关键，涉及企业的声誉、消费者的信任和产品的市场准入。

第四节　食品工业现状与发展趋势

一、我国食品工业现状

（一）工业规模快速增长，经济效益大幅提高

随着国内消费需求的增长和食品消费模式的多样化，食品工业的产值和销售额稳步上升，为我国经济增长做出了巨大贡献。随着技术进步和管理水平的提高，食品工业的经济效益也得到了显著提升。优化的生

产流程、不断提高的自动化水平和精细的市场定位等因素共同推动了行业的盈利能力。食品工业在促进就业、增加农民收入和推动相关产业发展等方面也发挥着重要作用，成为国民经济的重要支柱。

（二）主要产品产量稳步增长，结构不断优化

我国食品工业在主要产品的产量上呈现出稳定的增长趋势，产品结构也在不断优化。传统的粮油、肉类、乳制品等主要食品类别保持了稳定增长，满足了市场基本需求。与此同时，随着消费者对健康和营养的日益关注，功能性食品、健康食品和特色食品等新兴类别迅速发展，市场份额不断扩大。这种结构优化反映了消费者需求的变化和市场导向的调整，促使食品工业向更加多元化和专业化方向发展。高新技术的应用也推动了食品工业产品结构的优化，如生物技术、智能制造等现代技术的应用提升了食品的加工质量和创新能力，满足了市场对高附加值产品的需求。这些变化不仅增强了食品工业的市场竞争力，还促进了整个行业的健康和可持续发展。

（三）自主创新能力增强，整体科技水平持续提高

近年来，我国在食品工业领域的自主创新能力显著增强，整体科技水平不断提升。这一进步主要体现在重大关键技术和装备的成功研发上，标志着我国在食品加工技术领域迈向国际先进水平。

我国成功研发了包括食品冷杀菌、高效节能干燥、连续真空冷冻干燥、大型船用急冷设备在内的食品加工重大关键技术和装备，这些技术的突破使我国成为继美国、德国，全球少数几个能够制造高端食品加工设备的国家之一。

在国际领域，我国突破了玉米化工醇氢解的关键技术，首次实现了玉米化工醇工业化生产线的建设。

我国还完成了一系列标志性的科研成果，在物性修饰、非热加工、高效分离、风味控制、大罐群无菌储藏、可降解食品包装材料、食品快速检测与质量安全控制等领域攻克了一系列关键技术难题，开发了新型

营养重组方便米饭、花生活性肽、玉米多元醇等具有高科技含量和市场潜力的产品，研制了大功率高压脉冲电场设备、高压二氧化碳杀菌设备、油菜籽冷榨机、大型复式隧道脱毛生猪屠宰线等具有自主知识产权的高新加工装备，并建成了多个生产实验基地和中式生产线，有效缩短了我国在食品精深加工技术和装备领域与国际先进水平的差距。

（四）企业组织结构不断优化，产业集中度提高

近几年，食品工业中的龙头企业得到了迅速发展和壮大，这些企业通常具有较强的市场影响力和品牌认知度，生产集中度快速提升。龙头企业的发展带动了行业标准的提升和产业链的完善，对提高整个行业的竞争力起到了关键作用。

食品加工企业的地理分布也正在发生变化，这些企业越来越多地向主要原料产区、重点销售区域和重要的交通物流节点集中。这种趋势有助于降低原材料的运输成本、提高生产效率、加快响应市场变化的速度。

在具体的行业内，这种集中趋势也非常明显。例如，油脂加工业大多集中于油料产区和沿海港口，形成了东北、长江中下游、东部沿海等几个食用植物油加工产业带；肉类加工业则以畜牧养殖区为核心，形成了华北、西南、东南等几个地区的猪肉加工产业带以及中原、东北的牛肉加工产业带和东北、华北的羊肉加工产业带，山东、广东、江苏、辽宁和河南等地区成为中东部的禽肉加工重心；果蔬加工业也表现出类似的集中趋势，如环渤海和西北黄土高原成为浓缩苹果汁的主要加工基地，华北地区成为桃浆加工的重要基地，新疆成为西北番茄酱加工的中心，华南和西南地区则成为菠萝和杧果浓缩汁的主要加工地。

我国食品工业的企业组织结构优化和产业集中度的提升，有利于资源的高效利用，增强行业的整体竞争力，同时促进了区域经济的发展。这种趋势预示着我国食品工业将继续朝着规模化、专业化和集约化的方向发展。

（五）大力推进清洁生产，节能减排成效明显

我国食品工业在近年来大力推进清洁生产，致力于节能减排，其成效已经变得十分明显。这一转变反映了我国食品工业对环境保护和可持续发展的重视，同时符合全球食品产业的发展趋势。

在生产过程中，食品工业开始广泛应用节能、高效的设备和技术，包括采用节能的加热、制冷设备，改进生产工艺以减少能源消耗，以及利用先进的自动化和信息化技术提高生产效率。这些措施不仅降低了能源成本，还减少了碳排放和环境污染。

食品工业还注重原料的高效利用和废物的回收再利用。通过优化原料的使用，食品工业可以减少生产过程中的浪费，并将生产过程中产生的废弃物（如废水、废渣）进行回收和再处理，变废为宝。例如，一些食品加工企业通过生物技术将废水中的有机物转化为生物燃料，或者将废弃物用于农业肥料，实现了资源的循环利用。

食品工业在包装材料的选择上也越来越倾向于环保和可回收材料。食品工业通过减少包装材料的使用，采用可降解或易回收的包装材料，从而减轻了对环境的影响。

许多食品企业还积极参与碳交易市场，通过购买碳排放配额来抵消自身的碳排放，进一步推动了清洁生产的实施。

这些举措的实施不仅提高了我国食品工业的整体环境绩效，还提升了企业的社会责任形象和市场竞争力。通过大力推进清洁生产和节能减排，我国食品工业正向着更加绿色、可持续的发展方向迈进。

（六）食品安全备受重视，监督管理明显加强

政府为食品安全制定了更为严格的法律法规，并加强了执行力度，包括更新和完善食品安全国家标准、加强食品生产和流通环节的监管以及严格执行食品安全许可制度。例如，对食品添加剂的使用、食品标签和广告的准确性以及食品生产企业的卫生条件等方面，政府都设有更加明确和严格的规定。

监管部门增强了对食品工业的日常监督和抽检力度，不仅包括生产过程，还扩展到了食品的储存、运输和零售环节。定期和不定期的抽检能够确保食品企业遵守相关法规和标准，及时发现并纠正违规行为。

食品企业本身也加大了对食品安全的投入和管理。许多企业建立了更为严格的内部质量控制体系，采用先进的生产技术和设备，以保证食品安全和质量。企业也越来越重视员工的食品安全培训，确保员工在生产过程中严格遵守食品安全标准。

我国食品工业在食品安全方面的重视和监管加强，不仅提高了食品的质量和安全水平，还增强了消费者对国内食品工业的信任，为食品工业的可持续发展奠定了坚实基础。

二、食品工业的发展趋势

在当今这个快速发展的时代，食品工业正面临前所未有的变革和挑战。随着经济全球化的深入、消费者需求的多样化以及技术创新的不断推进，食品工业的发展趋势呈现出多元化和复杂化的特征。这些变化不仅影响着生产方式和管理模式，还在重塑着整个行业的未来图景。具体来说，笔者认为，未来食品工业将呈现以下发展趋势，如图 1-2 所示。

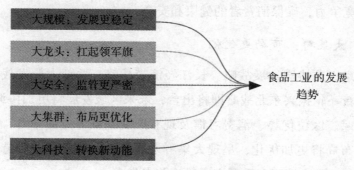

图 1-2　食品工业的发展趋势

（一）大规模：发展更稳定

随着国家内需扩大政策的实施、食品需求的持续增长以及供给侧结构性改革带来的红利，食品工业预计将继续保持稳定的增长势头。产业规模将逐步扩大，使食品工业在国家工业体系中继续保持其作为底盘最大、发展最稳定的行业的地位。这种稳健的发展态势反映了食品行业对国民经济的重要支撑作用以及对满足日益增长的消费需求的能力。

（二）大龙头：扛起领军旗

未来，食品行业将涌现更多具有高起点、大规模、亮眼品牌、良好效益和广泛带动作用的大型企业，它们将成为行业的领军力量，推动行业集中度进一步增强。随着企业兼并重组的加快，现代食品工业园区的发展壮大将带来大中小微企业的集聚发展，实现资源的集约使用和质量监管的集中化，促进各类企业间合理分工和协作共赢。这将有助于改变过去"小、弱、散"的行业格局，实现大企业强化、中型企业扩张、小微企业精细化。

（三）大安全：监管更严密

在国家层面，食品安全战略的加强推进将使食品工业迎来"大安全"时代。通过实施"严密监管＋社会共治"的策略，国家将对食品安全实施更严格的标准和管理。食品安全标准的全面国际化将提升国内食品工业的全球竞争力，确保消费者的健康和安全。

（四）大集群：布局更优化

随着京津冀协同发展战略、长江经济带战略、西部大开发战略的持续推进，新一轮振兴东北战略即将出台，未来区域发展将更加协调有序。从资源禀赋、区位优势、消费习惯及现有产业基础等方面来看，食品各行业空间布局将更加优化，呈现大集群发展倾向。食品企业将持续向主要原料产区、重点销区和重要交通物流节点集中。

（五）大科技：转换新动能

科技创新将成为食品工业发展的新动能。全产业链的科技融合（包括原料生产、加工制造和消费环节）将实现更紧密地整合。行业内的"产、学、研、政"合作将更加深化，提升整体研发能力和成果转化效率。科技创新将帮助食品工业有效应对智能化、节能化、高效化、连续化、低碳化、环保化和数字化等新挑战，开拓创新的价值创造空间。

第二章　食品加工原辅料

第一节　植物性原料

植物性原料主要包括果品蔬菜、粮油作物等，这些原料大多为植物的果实，也有的是植物的根、茎、叶、花等部位。

一、果蔬原料

（一）果蔬原料的种类

果蔬原料在食品加工中占据着极其重要的地位，其种类繁多，可根据不同的分类方式进行划分。

1. 水果原料的分类

（1）仁果类。这类果实的特点是中间有硬壳的种子，常见的水果有苹果、梨和山楂。

（2）核果类。这类果实内有一个大核，大核周围被果肉包裹。常见的核果类水果有桃、李、杏和樱桃。

（3）浆果类。这类果实多汁，包含多个种子，如葡萄、柿子、猕猴桃和番木瓜。

（4）坚果类。这类果实的特征是外壳坚硬，内含丰富的油脂和蛋白质，如核桃、板栗和椰子等。

（5）聚复果类。这类果实是由多个小浆果组合而成的，如草莓和菠萝。

（6）荚果类。这类果实通常是豆类，如酸豆和角豆。

（7）柑橘类。这类水果的特点是皮薄，易于剥离，包括橘子、橙子、柚子、柠檬和葡萄柚等。

2.蔬菜原料的分类

（1）叶菜类。这类蔬菜的主要食用部分是叶子，如菠菜、生菜、甘蓝等。

（2）根菜类。这类蔬菜的主要食用部分是根，如胡萝卜、萝卜、甜菜等。

（3）茎菜类。这类蔬菜的主要食用部分是茎，如芹菜、韭菜、竹笋等。这类蔬菜通常富含纤维和独特的香气。

（4）瓜果类蔬菜。这类蔬菜的食用部分是成熟或未成熟的果实，如西红柿、黄瓜、南瓜等。

（5）花菜类。主要食用的部分是花，常见的有菜花、西兰花等。

（二）果蔬原料的组织结构

1.果蔬组织的细胞

果蔬组织是由各种机能不同的细胞群组成的。细胞的形状和大小随果蔬种类、细胞所在部位和担负的任务而不同，如根茎尖端生长点的幼小细胞是近立方形的；担负输送水和养分的细胞为管状；储藏营养物质的薄壁细胞近似卵形或球形且较大。果蔬可食部分的组织基本上是由薄壁细胞组成的，薄壁细胞主要由细胞壁、细胞膜、液泡及内部的原生质体组成。

2.果蔬组织的种类

果蔬组织可以分为以下几种主要类型，每种类型都有其特定的生理功能和结构特点。

（1）分生组织。分生组织是植物生长和发育的主要部分，负责产生新细胞。

（2）保护组织。保护组织可保护植物免受物理伤害和病原体侵袭，如表皮。

（3）薄壁组织。薄壁组织构成了果蔬的主要食用部分，这种组织的细胞一般具有较大的空间来储存水分和营养，是果蔬加工中重点利用的部位。

（4）通气组织。通气组织主要负责植物体内气体的交换。

（5）传递组织。传递组织主要负责水分和养分的输送。

（三）果蔬原料的化学组成

1.水分

水分是果蔬中的主要成分，其含量通常在总质量的70%和95%之间。水分在果蔬中主要以两种形态存在。一种为游离水，这是果蔬中最常见的水分形态，存在于细胞间隙和细胞质中，以自由状态存在。游离水的特点是易于移动和蒸发，因此它对果蔬的质地、新鲜度和水分流失非常敏感。在果蔬的储存和加工过程中，游离水的流失是使果蔬失水、干缩和风味变化的主要原因。游离水也是微生物生长和代谢的介质，因此在果蔬的保鲜和防腐处理中控制游离水的含量是非常重要的。

另一种为结合水，结合水是与果蔬中的大分子（如蛋白质和多糖）结合的水分，这种水分的状态更稳定，不易流失。结合水对果蔬的保水性、质感和生物化学稳定性有重要影响。例如，在干燥或冷冻加工中，结合水的存在有助于保持果蔬的结构和营养成分，减少质量损失。结合水的含量也会影响果蔬的加工特性，如凝胶形成、膨化等。

2.碳水化合物

碳水化合物是果蔬中的重要能量来源，主要包括单糖（如葡萄糖、果糖）、淀粉以及纤维素。这些成分不仅能提供能量，还能影响果蔬的风味、质地和营养价值。单糖是许多果蔬甜味的来源，直接影响果蔬的口感和吸引力,如熟透的水果通常含有更高比例的单糖,从而更甜。淀粉是某些蔬菜(如马铃薯、甘薯)中的主要碳水化合物,经过烹饪后,淀粉可以转化为更易消化和吸收的形式。纤维素则主要存在于果蔬的细胞壁中,虽然人体不能直接消化纤维素,但纤维素对维持消化系统的健康起着重要作用,可以促进肠道蠕动,有助于预防便秘,也有助于调节血糖水平和胆固醇。

3.维生素和矿物质

果蔬是多种维生素(如维生素 C、维生素 A、各种 B 族维生素)和矿物质的重要来源,这些营养物质对于维持人体的正常代谢和免疫系统功能至关重要。

维生素 C 常见于柑橘类水果、草莓、猕猴桃等,是一种强效抗氧化剂,有助于防止细胞损伤,同时促进铁的吸收和胶原蛋白的合成。维生素 A 存在于胡萝卜、甜薯、南瓜等含有丰富 β-胡萝卜素的蔬菜中,对维持视力和免疫功能至关重要。B 族维生素包括叶酸、维生素 B6 和维生素 B12,广泛存在于各种蔬菜中,对细胞代谢和能量生产至关重要。例如,绿叶蔬菜是叶酸的主要来源,叶酸对于孕妇特别重要,因为它有助于预防胎儿神经管缺陷。

果蔬还是钾、钙、铁、镁等矿物质的重要来源。钾有助于调节体内的水分平衡和血压;钙对骨骼和牙齿的健康至关重要;铁是制造血红蛋白的关键成分;镁可参与多种酶的活动,对心脏健康和肌肉功能至关重要。

4.有机酸

有机酸决定了果蔬的酸味特征。果蔬中常见的有机酸包括苹果酸、柠檬酸、酒石酸等,此外草酸、水杨酸和醋酸等也较少存在。这些有机酸在果蔬中以游离状态或酸式盐的形式存在,每种果实通常有一种主要的有机酸,如仁果类和核果类主要是苹果酸,葡萄以酒石酸为主,柑橘类则以柠檬酸为主。

果蔬的酸味并不完全取决于酸的总含量，而是由酸的 pH 决定。新鲜水果的 pH 一般在 3.0 和 4.0 之间，蔬菜则在 5.0 和 6.4 之间。有机酸的解离受果蔬中蛋白质和氨基酸等成分的影响，这些成分能限制氢离子的形成。在加热处理过程中，蛋白质会凝固，失去缓冲能力，使氢离子增加，pH 下降，酸味增强。有机酸的含量对微生物的活动也有重要影响，在加工中，pH 低于 4.8 的原料在 100 ℃ 以下就能获得良好的杀菌效果。在储藏过程中，有机酸作为呼吸底物被消耗，可使果实酸味变淡。

在加工过程中，有机酸能促进蔗糖、果胶等物质水解，降低果胶的凝胶度。有机酸与金属（如铁、锡）发生反应，可能影响加工设备和容器以及最终产品的色泽和风味。有机酸还与果蔬中的色素物质变化和抗坏血酸的保存性相关，因此在果蔬加工时，掌握这些特性至关重要。

5. 单宁

单宁（鞣酸）是果蔬中普遍存在的一种化合物，具有显著的收敛性和涩味，对果蔬及其制品的风味起着重要作用。在蔬菜中，单宁的含量相对较少。单宁物质可分为两类：水解型单宁和缩合型单宁。水解型单宁具有酯的性质，而缩合型单宁不具有酯的性质。果蔬中的单宁属于缩合型单宁。

单宁在空气中容易被氧化成黑褐色的醌类聚合物，使去皮或切开后的果蔬在空气中变色，这一现象主要是单宁氧化所致。为了防止切开的果蔬在加工过程中变色，我们需要考虑果蔬中单宁含量、氧化酶和过氧化酶活性以及氧气的供应量。有效地控制这三者中的任何一个，都能抑制变色。

单宁与金属铁反应可生成黑色化合物，与锡长时间共热会呈玫瑰色，遇碱则变蓝色。因此，在果蔬加工中器具的选择非常重要。在酿造果酒过程中，单宁与果汁、果酒中的蛋白质会形成不溶性物质而沉淀，有助于消除酒液中的悬浮物质，使酒澄清。

6.色素物质

色素物质不仅能够赋予果蔬丰富多彩的外观，还对刺激食欲和促进食物的消化与吸收有着重要的作用。在果蔬的品质评价中，色泽是一个关键指标，它在一定程度上反映了果蔬的新鲜度、成熟度和品质变化。果蔬原料中的主要色素物质有以下几种。

（1）叶绿素。叶绿素是所有绿色果蔬的主要色素来源，其最主要的生物学作用是参与光合作用。在酸性介质中，叶绿素分子中的镁容易被氢取代，形成脱镁叶绿素并呈现褐色。叶绿素分子中的镁还可能被铜、锌等金属离子所取代，如铜叶绿素具有亮绿色，较为稳定，在食品工业中常被作为着色剂。

（2）类胡萝卜素。类胡萝卜素是一类脂溶性色素，广泛存在于果蔬中。这些色素是以异戊二烯为残基的具有共轭双键的多烯色素，主要包括胡萝卜素、番茄红素、番茄黄素、叶黄素等。类胡萝卜素不仅能给果蔬带来鲜艳的颜色，还能在人体内转化为维生素A，对视力和皮肤健康等具有重要作用。

（3）花青素。花青素是使果蔬呈现红色、紫色等绚丽色彩的主要色素，对苹果、葡萄、桃、李子、樱桃、草莓、石榴等多种水果的外观质量有着显著的影响。花青素能与金属离子反应生成盐类，大多数花青素金属盐呈灰紫色。在果蔬加工和储藏中，考虑到花青素与金属离子的相互作用，我们一般使用涂料罐储藏含花青素较多的水果。铝对花青素的影响不如铁、锡那样显著，因此在果蔬加工时我们可使用铝或不锈钢器具。

7.其他化学物质

果蔬原料中的化学物质构成复杂丰富，除了上述物质，还包括含氮物质、糖苷类物质、芳香物质、脂类物质等。含氮物质主要指果蔬中的氨基酸、蛋白质和其他含氮化合物，其中氨基酸不仅是蛋白质的基本构成单位，还直接参与果蔬的风味形成。糖苷是一类由糖分子和非糖分子通过糖苷键结合而成的化合物，广泛存在于果蔬中，糖苷在植物体内通常作为次生代谢物存在，与植物的防御机制有关。芳香物质主要指果蔬中的挥发性化合物（如醛、酮、酯等），它们是果蔬风味形成的重要组成部分。果蔬中的脂类物质主要包括脂肪酸、甘油酯和类固醇等，虽然果蔬中的脂肪含量相对较低，但脂类物质仍对其营养价值和风味有重要影响，特别是一些富含单不饱和脂肪酸和多不饱和脂肪酸的果蔬（如鳄梨和橄榄），它们对心血管健康大有益处。

二、粮油原料

（一）稻谷与大米

1.稻谷籽粒的形态结构

稻谷籽粒的形态结构可以分为两个主要部分：颖壳（谷壳）和颖果（糙米）。颖壳是由内外颖的两缘相互钩合包裹而成的结构，形成了一个完全密封的保护层。这种结构对稻粒起到了重要的保护作用，可以防止虫霉侵蚀和机械损伤。颖壳上端有芒，下端有护颖和小穗轴，这些结构在自然条件下有助于稻谷的生长和保护。脱去谷壳后显露出的部分即为颖果，颖果由果皮、种皮、珠心层、糊粉层、胚乳和胚等几部分组成。果皮和种皮是颖果外层的保护结构；珠心层富含维生素和矿物质；糊粉层主要由淀粉组成，是稻谷籽粒的主要能量来源；胚乳是稻谷籽粒的主体，富含淀粉和蛋白质；胚则是植物生长的关键部分，含有丰富的营养物质。

2.稻米的营养成分

稻米（大米）的营养成分丰富，主要包括碳水化合物、蛋白质、脂肪和 B 族维生素等。大米中的碳水化合物含量较高，主要是淀粉。淀粉是大米提供能量的主要来源，对人体具有重要的营养价值。大米还含有一定比例的蛋白质，主要包括米谷蛋白、米胶蛋白和球蛋白。大米中蛋白质的生物价和氨基酸的构成比例都比小麦、大麦、小米、玉米等禾谷类作物高。然而，大米蛋白质中赖氨酸和苏氨酸的含量较少，因此大米中的蛋白质虽然具有较高的营养价值，但其营养价值并不及动物蛋白。大米中的脂肪含量较低，主要集中在米糠中，而米糠中的脂肪含有较高比例的亚油酸，食用米糠油具有良好的生理功能。

3.稻谷与大米的加工特性

（1）稻谷的加工特性。稻谷的加工特性主要是指稻谷的形态、结构、化学成分和物理特性，这些特性对碾米的工艺效果有直接的相关性，对碾米设备的选择、工艺流程的制定都有密切的关系。①

①色泽和气味。正常的稻谷通常呈鲜黄色或金黄色，并且具有光泽，没有不良气味。稻谷的色泽和气味是判断稻谷品质的重要指标。未成熟的稻谷一般呈绿色，发热霉变的稻谷则会变为暗黄色，失去光泽并伴有霉味，这些都是质量下降的信号。

②粒形与均匀性。稻谷籽粒的大小和形状是影响加工效果的重要因素。籼稻的长宽比较大，而粳稻的长宽比较小。形状圆满、大小均匀的稻谷，在加工过程中出米率高，碎米率低。球形的谷粒因耐压性强，在加工时碎米较少。

③千粒重和容重。千粒重反映了稻谷的饱满程度和质量，千粒重大的稻谷通常籽粒饱满、结构紧密，出米率高。容重则是衡量稻谷密度的指标，与品质好坏密切相关，质量好的稻谷通常具有较高的容重。

④腹白度、爆腰率与碎米。腹白是指米粒上不透明的部分，腹白度高的米粒在加工时易碎，出米率低。爆腰是米粒上出现的裂纹，爆腰率高的米粒在加工时容易产生碎米，影响食用品质。碎米的产生与稻谷的成熟度、硬度等因素有关，在加工时应尽量减少碎米的产生。

⑤谷壳率与强度。谷壳率指的是稻谷谷壳占稻谷质量的比例，谷壳率高的稻谷在加工时脱壳困难，出糙率低。稻谷的强度或硬度是指谷粒

① 纵伟，张华，张丽华.食品科学概论[M].2版.北京：中国纺织出版社有限公司，2022：24.

抵抗外力破坏的能力，与稻谷的品种、成熟度、组织结构及水分等因素有关。不同种类和性质的稻谷需要不同的加工工艺。

（2）大米的加工特性。部分禾谷类粮食作物的果实和种子，在去除颖壳、果皮和种皮之后的胚乳称为米。在禾谷类粮食中，黍、高粱、燕麦、大麦等加工的成品分别称为黍米、高粱米、燕麦米和大麦米（麦仁），而稻谷制成的稻米一般称为大米，粟加工成的粟米一般称为小米。其中，大米是一种比较重要的米类。

大米一般可分为籼米、粳米和糯米。籼米的粒形细长，其长度是宽度的 3 倍以上；籼米通常含有较大的腹白区域和较小的硬质粒，在加工过程中容易产生碎米，出米率较低；籼米的米质蜡性较大，但黏性较小。粳米的粒形短圆，长度是宽度的 1.4 到 2.5 倍，通常腹白较小或没有，含有较多的硬质粒；粳米的胀性较小，但黏性较强。糯米是由糯稻的胚乳制成，含有 100% 的支链淀粉，因此黏性最强，胀性最小；糯米在干燥状态下呈蜡白色，不透明，非糯性米（如黏米）则是半透明的；糯米可分为粳糯和籼糯，以颗粒饱满晶莹者为佳。

酿造酒类产品一般以糯米为佳，其次为粳米。糯米的淀粉含量高，能提供更多可用于糖化发酵的基质，从而提高酒的产量。糯米的蛋白质含量低，可减少氨基酸脱氨基过程中杂醇油的生成，使酒味更纯正。糯米中的支链淀粉在酒精发酵过程中分解不彻底，使酒口味醇厚且较甜。

生产味精和麦芽糊精通常选用早籼米作为原料。早籼米原料成本低、产率高且易于加工，其直链淀粉含量较高，易于淀粉的分解，黏度较低。

制作年糕通常以粳米为最佳原料。使用籼米制作的年糕黏性和韧性不足，口感不理想；糯米制作的年糕则黏性太强，口感过软。

（二）小麦与面粉

1.小麦籽粒的结构

小麦籽粒具有复杂的结构，主要由麦皮、胚乳和胚三部分组成。麦皮是小麦籽粒的外层部分，可以进一步分为果皮和种皮，麦皮的主要作用是保护内部的胚乳和胚，同时是小麦中纤维素含量较高的部分。胚乳是小麦籽粒的主要部分，占整个麦粒质量的78%至85%，主要由淀粉和蛋白质组成，是制取面粉的关键部分。胚是小麦籽粒生长潜力的源泉，由胚芽、胚芽鞘、胚根、胚根鞘、子叶等多个部分组成。胚芽和胚根是新植物生长的关键部分，子叶则储存着必要的营养以支持初期的生长。

2. 小麦与面粉的加工特性

（1）小麦加工的物理特性。小麦加工的物理特性对制粉工艺和产品质量有着重要影响。

①容重。容重是衡量小麦充实度和纯度的重要指标，表示单位容积小麦的质量，通常用 kg/m^3 为单位。容重较大的小麦含有更多的胚乳和较高的蛋白质含量，因此在相同条件下，容重大的小麦出粉率高。这意味着在加工过程中，容重大的小麦能够提供更多的面粉，且面粉质量更好。

②千粒重。千粒重指的是1 000粒小麦的质量，这一指标体现了小麦粒的平均大小和质量。千粒重较大的小麦通常粒大且含粉多，这对制粉效率和面粉的质量有积极影响。

③散落性。小麦的散落性描述了小麦从堆积中向四周散开的特性，这一特性受小麦表面结构、粒形、水分和含杂情况的影响。小麦的自流角是描述其在不同材料上能自动滑落的最小角度，这与散落性直接相关。散落性较差的小麦在加工时需要更大的斜度设备，清理较困难，且容易堵塞设备，影响产量。

④自动分级性。小麦在运动过程中会出现自动分级现象，即在粮堆中较重、较小、较圆的麦粒会沉到下面，而较轻、较大、不实的麦粒会浮在上面。这一现象影响了小麦在加工过程中的筛选和分级效率，如较小的麦粒更容易接触筛孔，从而影响筛选过程。

（2）小麦的化学成分对制粉工艺的影响。小麦的化学成分包括水分、碳水化合物、脂肪、蛋白质和矿物质，它们会影响小麦的制粉工艺。

①水分。适宜的水分含量可以使小麦胚乳在磨粉过程中更容易被磨碎，保持合适的粒度，同时避免麸皮过度破碎。水分不足时，胚乳坚硬，

不易磨碎，麸皮脆且易碎，导致面粉含麸量增加，影响面粉质量。而水分过高时，胚乳难以从麸皮上刮净，筛理困难，产品流动性差，容易导致设备阻塞和动力消耗大。

②碳水化合物。小麦中的碳水化合物主要为淀粉。淀粉含量高的小麦通常出粉率较高。然而，在磨粉过程中，淀粉遇到水汽会凝结，可能会发生糊化现象，导致筛孔阻塞，影响筛理效果。

③脂肪。小麦中的脂肪主要集中在胚中。在制粉过程中，胚通常被磨入面粉中，但一些现代化的面粉厂会选择将胚提取出来后再加回面粉中，制成营养食品。脂肪的处理方式对面粉的营养价值和保质期有所影响。

④蛋白质。小麦所含的蛋白质种类繁多，它们可以构成面筋质，对制作面包和馒头等食品的质量至关重要。在高温下，蛋白质会凝固变性，影响面筋的形成和发酵过程，因此控制磨粉时的温度是关键。

⑤矿物质。矿物质在小麦中的分布极不均匀，麸皮与胚中的矿物质含量高，而胚乳中的含量较低。矿物质的含量和分布对面粉的营养价值和加工性能有着直接影响。

（3）面粉的加工特性。面粉的加工特性主要受水分、蛋白质、碳水化合物、矿物质（灰分）和面筋的影响。

①水分。面粉的水分一般控制在13%～14%。[1] 这一水分水平是从生产工艺和保管过程的安全性方面考虑的。水分含量过高易导致面粉发热变酸，缩短其保存期，同时影响面制食品的产率。水分过低则会影响面筋的形成和面团的处理特性。

②蛋白质。蛋白质（尤其是谷蛋白）是决定面粉质量的关键因素之一。高蛋白质含量的面粉通常具有更好的面筋形成能力，适用于制作面包、比萨等需要弹性和延展性的食品。相反，低蛋白质面粉则适合用于制作饼干和蛋糕等松软的食品

③碳水化合物。面粉中的主要碳水化合物是淀粉，淀粉的特性（如

---

[1] 纵伟，张华，张丽华．食品科学概论[M]．2版．北京：中国纺织出版社有限公司，2022：28．

颗粒大小、支链与直链淀粉的比例）会影响面团的黏稠度和最终产品的质地。淀粉在加热过程中的糊化特性对面食的口感和外观有显著影响。

④矿物质。矿物质是评定面粉品质优劣的重要指标。高等级面粉的灰分含量要求在0.5%以下[①]。灰分主要反映了面粉中矿物质的含量，通常与加工程度有关。

⑤面筋。面筋是小麦蛋白质在水分作用下形成的弹性网络结构，对面粉的加工特性至关重要。面筋的质量决定了面团的加工特性和面食产品的质量。高质量的面筋能赋予面团良好的伸展性和保持气体的能力，这对于面包等发酵食品尤为重要。

（三）油料作物

1. 大豆

大豆，别名黄豆，是一种粮油兼用的作物，以其高蛋白质含量而著称。大豆蛋白质中含有较高比例的赖氨酸和色氨酸，其营养价值仅次于肉类、蛋类和奶制品。人们食用大豆的主要目的是获取其丰富的蛋白质。

大豆的应用范围非常广泛，不仅可以用于榨油，还可以用来制作各种食品，如豆腐、豆浆等。大豆还可以与小麦粉、玉米粉等混合制作多种产品。大豆的这些加工特性使其成为一种极具多功能性的作物，无论是在食品加工还是在营养补充方面都有着重要的地位。

2. 花生

花生是我国重要的油料作物之一，以其高含油率和高蛋白质含量而闻名。花生种子的含油率通常高于大豆。榨取的花生油气味清香，可作为橄榄油的替代品。花生加工后的副产品（花生饼粕）蛋白质含量高，是优质的家畜精饲料。

花生仁由种皮和胚组成，含有丰富的脂肪、蛋白质、糖类、粗纤维和灰分。在花生油中，脂肪酸的组成包括软脂酸、硬脂酸、花生酸、油

---

① 蒋爱民，周佺，白艳红，等．食品原料学[M]．3版．北京：中国轻工业出版社，2020：86．

酸和亚油酸等，其中含有较多的饱和脂肪酸。花生的蛋白质含量高于一般谷类，其蛋白质主要是球蛋白，氨基酸构成比例接近动物蛋白质，容易被人体消化和吸收。花生中的淀粉含量比一般油料作物多，富含钾、磷及维生素 B1，是维生素 B1 的良好来源。因其营养成分丰富，花生也被誉为"植物肉"，在营养价值上与大豆相似，但在某些氨基酸（如甲硫氨酸和色氨酸）含量上不如动物蛋白质。

3. 葵花籽

葵花籽是全球第四大油料作物，主要分为榨油用的黑色种和食用或糕点用的白色（带条纹）种。黑色葵花籽含油量较高，但不易脱壳，而白色品种含油率略低，种壳占比也更高。葵花籽榨油时一般需要先脱壳，葵花壳可作为饲料原料或生产糠醛的原料，因为其戊糖含量高。

葵花籽的毛油呈淡黄褐色，有特殊香味，含磷脂和胶质较少。其脂肪酸组成中，亚油酸含量极高，仅次于红花油，这使葵花籽油成为稳定口味的高级植物油。葵花籽油中的维生素 E 含量不是很高，但其中生理活性最高的 α-生育酚比率较高，具有健康食品油的美称。葵花籽油常用作色拉油、炸油、起酥油和人造奶油等。

4. 芝麻籽

芝麻籽也是一种重要的油料作物，其在食品加工中的应用极为广泛。作为一种古老的作物，芝麻的种植历史悠久，主要产于亚洲和非洲的热带、亚热带地区。芝麻籽的最大特点是其富含油脂，油含量可高达 50%，这使它成为生产食用油的主要原料之一。芝麻油因其独特的香味和营养价值，在烹饪中被广泛使用，尤其在亚洲料理中占据重要地位。

除了提取油脂，芝麻籽本身也是一种营养丰富的食品。它含有丰富的蛋白质、B 族维生素、矿物质（如铁、镁、钙等）以及抗氧化物质。这些营养成分使芝麻籽在健康食品和营养补充品领域也有着广泛的应用。芝麻籽还可以直接用作食品的原料或配料，如撒在面包、饼干上，或加入沙拉和糖果中，增加风味和营养价值。

第二节　动物性原料

一、肉类原料

（一）肉的形态结构

肉由肌肉组织、脂肪组织、结缔组织和骨组织四大部分构成。这些组织的形态结构直接影响肉品的质量、加工用途及商品价值。

1.肌肉组织

肌肉组织是肉的主要部分，它主要由肌纤维组成，这些肌纤维紧密排列并通过蛋白质（如肌凝蛋白和肌球蛋白）相互连接。肌肉组织的结构、纤维的粗细和肌纤维的类型（快速肌和慢速肌）直接影响肉的口感、嫩度和营养价值。肌肉中还含有大量水分、蛋白质和矿物质，这些成分的比例决定了肉的风味和营养价值。肌肉组织的质量受动物的种类、年龄、性别和营养状况等因素的影响。例如，年轻动物的肌肉纤维较细，肉质较嫩；而年长动物的肌肉纤维较粗，肉质较老。

2.脂肪组织

脂肪组织是能量的重要储存形式，为肉提供丰富的能量和风味。脂肪的分布有两种主要形式：覆盖在肌肉表面的皮下脂肪和分布在肌肉纤维之间的大理石纹脂肪。后者对肉的口感和风味尤为重要，因为它在烹饪过程中会融化，增加了肉的多汁性和风味。

脂肪组织的类型和分布受动物的品种、饲养方式和饮食的影响。例如，粮食喂养的牛肉通常脂肪含量更高，草食牛肉脂肪较少但某些营养成分（如 Omega-3 脂肪酸）含量更高。脂肪组织不仅能提供风味，还对肉的保质期和烹饪方法有重要影响。

3.结缔组织

结缔组织是构成肌腱、筋膜、韧带、肌肉内外膜、血管和淋巴结的主要成分，起到支持、连接各器官组织和保护组织的作用。结缔组织的存在使肌肉保持一定的硬度和弹性，对肉的质地和食用感受有着显著影响。结缔组织主要由结缔组织纤维、细胞和基质构成，其中结缔组织纤维包括胶原纤维、弹性纤维和网状结构蛋白。胶原纤维是结缔组织纤维的主要成分，它由胶原蛋白组成，加热至70℃以上时会软化并转变为明胶。胶原蛋白是结缔组织的主要结构蛋白，但作为非全价蛋白，它不易被人体消化。在肉中，结缔组织的存在能增加肉的硬度，但也可能降低其食用价值。然而，在加工胶冻类食品时，结缔组织的这些特性则被有效利用。

4.骨组织

骨组织是由细胞、纤维性成分和基质构成，但骨组织的基质已经钙化，因此非常坚硬。这种硬度使骨组织起到支撑身体和保护器官的作用。骨组织也是钙、镁、钠等多种元素的重要储存部位。不同动物的骨骼含量有所差异，但通常在成年动物中相对恒定。

（二）肉的物理性质

1.肉的颜色

肉的颜色主要由肌肉中所含的肌红蛋白（Mb）和血红蛋白（Hb）的数量和比例决定。正常情况下，肌肉的色泽一般取决于肌红蛋白的含量及其氧化还原状态。在肌肉组织暴露于空气后的初期（0.5～1小时），肌红蛋白会发生氧化反应，使还原型肌红蛋白（紫红色）转变为氧合肌红蛋白（鲜红色），导致肉的颜色发生显著变化。放血不良的胴体会使肌肉呈现深红或暗红色，而放血良好的肌肉中Mb的比例较高（80%～90%），使肌肉呈浅红或鲜红色。因此，肉的颜色是评估其新鲜度和质量的一个重要指标。

2.肉的风味

不同种类的肉具有独特的风味，这些风味由生鲜肉的化学组成物质决定。例如，羊肉具有特有的膻味，而牛肉和猪肉通常没有特殊气味。肉在水煮加热过程中产生的强烈肉香味主要由低级脂肪酸、氨基酸及含氮浸出物等化合物产生。肉的鲜味成分主要包括肌苷酸、氨基酸、酰胺、三甲基胺肽和有机酸等。随着肉的成熟，核苷类物质及氨基酸的变化会增强肉的风味。肉中脂肪沉积的多少对风味也有重要影响，尤其是在脂肪中存在的挥发性香味成分，如大理石羊肉。

3.肉的嫩度

肉的嫩度是指肉在咀嚼或切割时所需的剪切力，反映了肉在被咀嚼时的柔软、多汁和容易嚼烂的程度。肉的嫩度受许多因素的影响，包括肌纤维的类型、肌肉中结缔组织的含量和状态以及加工方法等。大多数肉类在被加热蒸煮后，肉的嫩度会有所改善，但牛肉在加热时硬度会增加，这是肌纤维蛋白质遇热凝固收缩所致。肉的熟化过程也会影响肉的嫩度，熟化后肉的总体嫩度通常会明显增加。

4.肉的保水性

肉的保水性是指肉在压榨、加热、切碎搅拌时保持水分的能力，或在向肉中添加水分时的水合能力。这种特性对肉品加工的质量有重大影响。例如，肉在冷冻和解冻过程中如何减少肉汁流失，加工时需要添加一定量的水、盐浸和干制的脱水保藏等，这些都与肉的保水性有关。影响肉的保水性的主要因素包括肉中蛋白质的网状结构、pH、金属离子等。良好的保水性能够确保肉制品在加工、烹饪和储存过程中保持其质地和风味。

二、禽蛋原料

禽蛋是食品工业原料中用途较多的一种，蛋品所特有的性能使蛋品在焙烤食品、糖果和面条等许多食品中成为不可替代的重要原料。

（一）蛋的构造

1.蛋壳

禽蛋的最外层是蛋壳，它主要由碳酸钙构成，能够为蛋提供坚固的保护。蛋壳的表面有成千上万个微小气孔，这些气孔允许氧气进入蛋内，同时释放二氧化碳和水蒸气。

2.壳膜

紧贴在蛋壳内侧的是两层薄薄的壳膜——外壳膜和内壳膜。壳膜主要由蛋白质构成，它们可以保护蛋的内容物免受细菌和其他微生物的侵害。

3.蛋白

蛋白是环绕在蛋黄周围的半透明液体，主要由水和蛋白质组成。蛋白分为内、外两层：接近蛋壳的是稀薄的外蛋白，而紧靠蛋黄的是更加黏稠的内蛋白。蛋白提供了大量的水分和一部分蛋白质给胚胎，并起到保护蛋黄、吸收冲击的作用。

4.蛋黄

蛋黄是蛋的营养库，含有丰富的脂肪、蛋白质、维生素和矿物质。蛋黄的颜色由饲料中的色素（如玉米、苜蓿）决定。蛋黄被一层叫作蛋黄膜的透明膜所包裹，保持其完整性。

5.卵黄绳

卵黄绳是两条螺旋状的蛋白质带，位于蛋黄两端，将蛋黄固定在蛋白中心。卵黄绳可以确保蛋黄保持稳定，使胚胎总是处于最佳位置以接收营养和保护。

6.空气室

蛋壳的大端有一个由外壳膜和内壳膜之间空隙形成的空气室。随着蛋的存放时间增长，蛋内的液体逐渐蒸发，空气室会变大。空气室的大小常被用来判断蛋的新鲜程度。

（二）蛋品的功能特性

禽蛋有很多重要特性，其中与食品加工密切相关的有蛋黄的乳化性、蛋白的起泡性和蛋的凝固性，这些特性在各种食品中得到了广泛应用。

1. 蛋黄的乳化性

蛋黄的乳化性质对制作许多食品至关重要，如蛋黄酱、色拉调味料和起酥油面团。蛋黄中的卵磷脂、胆固醇、脂蛋白等具有强大的乳化能力，能有效将油脂和水混合。蛋黄的乳化性受多种因素的影响，包括加工方法、温度和其他添加成分。例如，稀释蛋黄会降低乳化液的稳定性，而适当的温度控制和向蛋黄中添加少量食盐或糖可以提高乳化能力。冷冻和干燥处理也能增强蛋黄的乳化性。

2. 蛋白的起泡性

蛋白的起泡性是利用蛋白制作许多食品的基础，特别是在烘焙行业中，如蛋糕和慕斯的制作。当蛋清被搅打时，空气被引入并困在蛋清液中，形成气泡。随着搅打的进行，气泡逐渐变小且数量增多，最终使蛋白失去流动性。加热可以固定这些气泡，形成稳定的泡沫结构。蛋白的起泡性主要依赖于球蛋白和伴白蛋白的特性，卵黏蛋白和溶菌酶则起到稳定泡沫的作用。蛋白的起泡性受到酸碱度的显著影响，在等电点或极端酸碱环境下，蛋白质易变性和凝集，从而增强起泡性。

3. 蛋的凝固性

当受热、盐、酸、碱或机械作用时，蛋液中的蛋白质分子会发生结构变化，从而使蛋液由流体转变为固体或半固体状态。这种凝固性在烹饪中极为重要，如在制作炒蛋、蛋挞、奶油蛋糕等食品时。蛋的凝固性不仅为食品提供结构和稳定性，还影响食品的口感和外观。理解和控制蛋的凝固过程对于保证食品质量和烹饪效果至关重要。

三、乳品原料

（一）乳品的化学成分

乳品的化学成分复杂而丰富，主要包括水分、乳脂肪、蛋白质、乳糖、维生素和矿物质等。

1. 水分

大多数乳品的主要成分是水。水分在乳品中起着溶解和运输其他成分的作用，也影响着乳品的新鲜度和保质期。

2. 乳脂肪

乳脂肪是乳品中的关键组成部分，占据了较高的比重。它主要以脂肪球的形式分散在乳浆中，不溶于水。乳脂肪的主要成分是甘油三酯，还含有磷脂、固醇、游离脂肪酸及脂溶性维生素等。牛乳脂肪富含短链和中链脂肪酸，熔点低于人体温度，使乳脂肪在体温下容易融化，便于消化和吸收。脂肪球的表面覆盖着由卵磷脂和蛋白质构成的薄膜，保证了乳脂肪的稳定性，使乳品呈现出高度的乳化状态。乳脂肪不仅是能量的重要来源，还含有必需脂肪酸和磷脂，是脂溶性维生素的重要来源特别是维生素 A 和胡萝卜素。

3. 蛋白质

乳品中含有两种主要的蛋白质：酪蛋白和乳清蛋白。酪蛋白在酸或酶的作用下可凝固成凝乳，是制作奶酪的基础。乳清蛋白则包含在乳清中，是一种高质量的蛋白质，含有所有必需氨基酸。

4. 乳糖

乳糖是乳品中特有的糖类，使乳品有一定的甜味，其甜度比蔗糖低。乳糖的水解产物为半乳糖，半乳糖对婴儿的脑及神经组织发育尤为重要。但由于一些成年人体内缺乏乳糖酶，不能有效分解和吸收乳糖，可能导致乳糖不耐症，表现为消化不适等症状。因此，乳品加工常利用乳糖酶将乳糖分解或利用乳酸菌将其转化为乳酸，以提高乳糖的消化吸收率并改善制品口味。

5.维生素

乳品是多种维生素的良好来源，特别是 B 族维生素（如核黄素和维生素 B12）和脂溶性维生素（如维生素 A 和维生素 D）。这些维生素对于维持身体健康和正常生理功能至关重要。

6.矿物质

乳品中的矿物质种类繁多，包括钙、磷、镁、氯、硫、铁、钠、钾以及微量元素（如锰、铜等）。这些矿物质在乳品中以无机盐或有机盐的形式存在，以磷酸盐、酪酸盐和柠檬酸盐为主。乳中的钙和磷等盐类对乳品的物理化学性质有显著影响，是乳品加工中的一个关键考虑因素。乳品中的铜和铁元素在储藏过程中可以促进乳制品产生异常气味。由于乳品中铁的含量相对较少，人工哺育幼儿时需要额外补充铁。矿物质不仅对乳品的营养价值有重要贡献，还会影响乳品的加工和储存特性。

（二）乳品的物理性质

1.乳化性

在乳品中，脂肪以微小的脂肪球形式存在，这些脂肪球被蛋白质和磷脂的膜所包裹，使脂肪能够在水基介质中均匀分散。这种乳化性质使乳品具有独特的口感和质地，并在制作乳制品（如奶油、冰激凌等）时发挥关键作用。

2.黏度

乳品的黏度是一个关键的物理性质，它受乳品中脂肪和蛋白质含量的显著影响。在一般情况下，随着脂肪含量的增加，乳品的黏度也会相应提高，这是因为脂肪球增加了乳品的内部结构复杂度，使流动性降低。同样，当乳固体的含量增加时，黏度也会上升，因为乳固体增加了乳品中的固体成分，增强了内部摩擦力。特定条件下的乳品（如初乳或末乳），其黏度通常高于正常乳品。在乳品加工过程中，脱脂、杀菌和均质等操作也会影响乳品的黏度。在乳粉生产中，过高的黏度可能导致喷雾困难，影响产品的质量。

3.颜色和光泽

乳品的颜色通常呈现自然的白色或乳白色，这主要由乳品中的脂肪、蛋白质和乳糖决定。脂肪的含量和状态可影响乳品的光泽，如全脂乳比脱脂乳更具光泽。

4.滋味与气味

乳品含有多种挥发性物质（如挥发性脂肪酸），这些物质赋予了乳品独特的香味。乳品经过加热后，其香味会增强，冷却后则减弱。新鲜乳品中含有甲硫醚、丙酮、醛类及其他微量游离脂肪酸，这些成分共同构成了乳品的正常风味。乳品很容易吸收外界的各种气味，因此存储条件对保持其原有风味至关重要。乳品中的甜味主要来源于乳糖，而氯离子的存在可使其略带咸味。正常乳品的咸味通常不明显，但在异常乳品（如乳腺炎乳）中咸味可能更加显著。乳中的酸味和苦味则分别来自柠檬酸、磷酸以及某些矿物质。

5.乳品的表面张力

乳品的表面张力是指液体表面分子间的引力。乳品的表面张力会随温度的升高而降低，并且随着脂肪含量的减少而增加。乳品的表面张力与其起泡性、乳浊状态、热处理均质作用、微生物的生长发育以及风味等方面密切相关。表面张力的变化可以用来鉴别乳中是否混有其他添加物，对维持乳品的质量和风味具有重要意义。

6.乳品的溶液性质

乳品中的各种成分（如乳糖、盐类、蛋白质、脂肪等）相互组成了一个复杂的分散体系，这个分散体系以水为分散剂。这些分散质的种类和分散度的差异使乳品不再是简单的分散体系，而是包含了真溶液、高分子溶液、胶体悬浮液、乳浊液及其过渡状态的复杂体系。乳品中的脂肪以微小的球状形态分散，使乳品呈现为乳浊液。这种复杂的分散体系属性使乳品成为胶体化学的重要研究对象。

四、水产品原料

（一）水产品原料的种类

按生物学分类法，水产品原料可分为水产动物和藻类两大类。水产动物包括爬行类动物、鱼类、甲壳动物、软体动物、腔肠动物等。藻类主要包括大型海藻类和微藻类植物。下面以水产动物为例进行介绍。

1. 海水鱼类

海水鱼类是指生活在海洋环境中的鱼类，它们包括许多种类，如鲭鱼、鲈鱼、鲑鱼、鳕鱼等。海水鱼的显著特点是其含有丰富的 Omega-3 脂肪酸，这对于心脏健康和大脑发育至关重要。海水鱼还含有丰富的蛋白质、维生素（如维生素 D）、矿物质（如碘和硒）。海水鱼通常具有独特的海味，这主要受其生活环境的影响。海水鱼类在食品加工中有广泛应用，既可以新鲜食用，也可以通过烟熏、晒干等方式加工成各种食品。

2. 淡水鱼类

淡水鱼类是生活在河流、湖泊等淡水环境中的鱼类，如草鱼、鲤鱼、鲫鱼等。与海水鱼相比，淡水鱼类的脂肪含量通常较低，但仍然是优质蛋白质的良好来源。淡水鱼类的肉质通常较为细嫩，味道清淡，适合各种烹饪方法，如清蒸、红烧。在某些文化中，淡水鱼类是传统菜肴的重要组成部分。在食品加工方面，淡水鱼类也常被用于制作鱼丸、鱼片等产品。

3. 软体动物

软体动物是一类水生无脊椎动物，包括牡蛎、蚌类、扇贝、墨鱼和章鱼等。软体动物的肉质通常富含蛋白质、微量元素（如锌、铁）和维生素。这类食材在世界各地的烹饪中都有广泛应用，以其独特的口感和营养价值受到欢迎。软体动物在加工时需特别注意其新鲜度，因为它们容易腐败并可能带来食物安全风险。常见的软体动物食品包括烤牡蛎、蒸扇贝、炒墨鱼等。

（二）鱼贝类的死后变化和保鲜

1. 鱼贝类的死后变化

（1）僵直期。鱼贝类死后会进入僵直期，这一阶段通常比哺乳动物短。僵直开始的时间取决于鱼在死前的状态，如疲劳程度。通常，僵直从死后1到7小时开始，持续5到22小时。疲劳的鱼死后僵直较早发生，且肉质较差。因此，在捕捞后，特别是疲劳的鱼应立即进行处理，采用冰藏或低温储存以保持其质量。僵直期内，鱼肉较为紧实，食用质量较高。

（2）自溶期。僵直期过后，鱼肉逐渐变软，这是肌肉中酶的作用产生的自溶现象。自溶作用是鱼体自行分解的过程，期间体内蛋白质逐渐分解成氨基酸等物质，这为腐败菌的繁殖提供了有利条件。因此，在自溶阶段，鱼肉的鲜度开始下降。在低温储存条件下，酶的活性受到抑制，自溶作用会减缓甚至停止，有助于延长鱼肉的保鲜期。

（3）腐败期。鱼肉的腐败实际上从鱼死后就开始了，但在僵直和自溶阶段，由于微生物繁殖和含氮物分解较慢，变化不明显。进入自溶后期，分解产物增多，微生物繁殖加速，最终进入腐败阶段。腐败过程中，肌肉组织中的蛋白质和氨基酸被分解成氨、三甲胺、硫化氢、吲哚及尸胺等有臭味的物质。腐败产物的积累导致鱼肉产生特有的臭味，同时鱼体 pH 增加，由中性变为碱性。一旦进入腐败阶段，鱼肉就完全失去了食用价值。

2. 鱼贝类鲜度判定的方法

鱼贝类的鲜度判定对于保证食品安全和品质至关重要，通常需要通过感官法、细菌学方法、物理学方法和化学方法来综合评估。

（1）感官法。感官法是最直接和传统的鲜度判定方法，依赖于观察、嗅觉和触觉。运用感观法判定鲜度时，首先观察鱼贝类的外观，新鲜的鱼肉具有明亮的眼睛、清澈的黏液和鲜亮的肤色，鱼鳞紧密，肉质弹性好，无松弛现象；其次是嗅觉，新鲜鱼贝类应有清新的海味或无异味；最后是触觉，新鲜的鱼肉按压后能迅速恢复原状。感官法简便易行，但主观性较强，准确性受评价者经验和感知能力的影响。

（2）细菌学方法。细菌学方法通过测定鱼贝类中的微生物总数或特定类型微生物的数量来判定鲜度。随着贮藏时间的延长，微生物数量增加，导致鱼贝类腐败。培养皿计数、最可能数法或快速微生物检测技术等方法可以评估微生物水平。这种方法客观、科学，但需要专业设备和技术操作，且耗时较长。

（3）物理学方法。物理学方法主要通过测量鱼贝类的物理性质变化来评估其鲜度。常用的指标包括肉质的电阻率、弹性、光学性质等。例如，使用电子鼻技术可以检测鱼肉中挥发性化合物的变化，这些化合物的变化与鲜度密切相关。物理学方法客观、重复性好，但对设备的要求较高。

（4）化学方法。化学方法通过测量鱼贝类中特定化学物质的变化来判定鲜度。常用的指标包括总挥发性盐基氮（TVB-N）、三甲胺、过氧化值、自由氨基酸等。这些化学指标随着微生物活动和生物化学反应的进行而变化，能较准确地反映鱼贝类的鲜度状态。化学方法的优点是准确性高，适合于精确评估，但需要专业的化学分析设备和技术。

第三节　食品辅料

一、调味品

调味料是指能起到调节、改善食品风味的物质，其种类繁多，分类方法多样，可按味道分为咸味料、甜味料、酸味料、鲜味料等。

（一）咸味料

咸味料在食品调味中占据重要地位，主要包括食盐、酱油和各类酱产品。

1.食盐

食盐的主要成分是氯化钠，它不仅在调和口味方面发挥着关键作用，还具有改善食品的色泽和香味以及去腥、防腐等功能。食盐的种类繁多，根据来源可分为海盐、井盐、湖盐、矿盐和土盐等。在商品化过程中，食盐又根据加工程度划分为粗盐、加工盐、精盐和营养盐等不同类型。食盐在烹饪和食品加工中无处不在，是最基本也是最广泛使用的调味品之一。

2.酱油

酱油是以大豆、豆饼、面粉、麸皮和盐为主要原料酿制而成的调味品，具有特殊的色泽和咸味，还具有鲜味和香味。酱油中含有多种氨基酸、糖类、有机酸、色素和香料。在烹饪中，酱油不仅作为调味品使用，还常用于食品的着色和增添香气。

3.酱类

酱类调味品种类繁多，包括面酱、大豆酱、蚕豆酱、豆瓣酱和豆豉等。这些酱类产品通常以粮食和油料作物为原料，经过制曲、发酵和成熟过程制成。酱类是中国传统的发酵调味品，以其丰富的营养、易于消化吸收的特性，成为广受欢迎的调味品。酱类不仅能增加食物的咸味和香气，还丰富了食物的味道和营养成分。

（二）甜味料

甜味料是一类用于增加食物甜味的调味品，广泛用于食品加工中。甜味料的种类繁多，包括天然糖类（如蔗糖、果糖、蜂蜜、枫糖浆）以及人工合成的甜味剂（如阿斯巴甜、糖精和赛克拉蜜）。天然糖类不仅提供甜味，还能为食品增加质感、湿度和色泽，如在烘焙中的焦糖化作用。人工甜味剂则因其低热量和高甜度特性，常用于低热量食品和饮料中，以满足减肥和糖尿病患者的需求。甜味料的使用可以平衡其他味道，提高食品的整体口感和吸引力，但过量使用可能会掩盖食品的自然风味，影响健康。

（三）酸味料

酸味料用于为食品添加酸味，改善风味和口感。常见的酸味料包括柠檬酸、乳酸、醋、番茄酱和酸梅等。柠檬酸和乳酸广泛用于食品和饮料加工中，增加产品的清爽感，同时有助于调节食品的 pH 和防腐。醋和番茄酱在烹饪中常用于增添酸味和增强菜肴的风味。在某些食品加工（如肉类腌制）中，酸味料可以帮助软化肉质，增强食品的风味，延长保质期。酸味料的使用可以平衡食品的甜味和油腻感，提高食品的口感和消化性，但需注意控制用量，以避免过酸影响食品的整体味道和消费者的接受度。

（四）鲜味料

1. 味精

味精是一种通过水解小麦的面筋蛋白质或淀粉得到的粉状或结晶体调味品。味精的主要成分是谷氨酸钠，它具有独特的鲜味，略带甜味或咸味。商业上的味精除含谷氨酸钠，还可能含有食盐、水分和糖等。味精易溶于水，但高温下易变成焦谷氨酸钠，从而失去鲜味。味精在烹饪和食品加工中广泛应用，用于增强食物的鲜味。

2. 核苷酸类

核苷酸类调味品包括 5'- 肌苷酸二钠（IMP）和 5'- 鸟苷酸二钠（GMP）以及琥珀酸二钠。IMP 和 GMP 都具有强烈的鲜味，与谷氨酸钠混合使用时，可以增强食物的鲜味。IMP 和 GMP 通常不单独使用，而是与味精或其他调味料复配，从而提高鲜味的强度。琥珀酸二钠也称为千贝素或海鲜精，通常与谷氨酸钠配合使用，增加鲜味和风味。

3.动植物蛋白质水解物

动植物蛋白质水解物是通过酸、碱或酶的作用水解含蛋白质的动植物组织而得到的产物。它们通常呈淡黄色液体、糊粉状、粉状或颗粒形式，含有多种氨基酸，具有特殊的鲜味和香味。动植物蛋白质水解物在食品加工和烹饪中与其他调味料复配使用，能够产生独特的风味，常用于增强肉类、海鲜和其他食品的鲜味和口感。

二、香辛料

香辛料是一类来源于植物的食用香料，能够为食品增添各种独特的味道，如辛辣、麻、苦、甜等。它们可能来自植物的不同部位，包括全草、种子、果实、花、叶、树皮和根茎等。香辛料不仅赋予食品特有的风味和色泽，还增加了刺激性的味觉体验。在烹饪和食品工业中，香辛料被广泛用于增强食物的香气、调整味道和改善色泽，是食品制作和餐饮服务中不可或缺的元素。

（一）香辛料的形式

1.原状香辛料

原状香辛料是未经加工处理直接使用的香辛料，如芝麻籽、月桂叶等。这种形式的香辛料在高温烹饪过程中能慢慢释放风味物质，保持味感纯正。使用原状香辛料的优势在于它们容易称重和加工，且在烹饪后可以很容易地从食品中去除。原状香辛料的缺点是香气成分释放缓慢，可能导致香味在食品中分布不均。

2.粉状香辛料

粉状香辛料是将整个香辛料晒干、烘干后磨成颗粒状或粉末状的形式，如咖喱粉、辣椒粉和五香粉等。粉状香辛料的优点在于它们可以快速释放香气，味道纯正，易于与其他食材混合。然而，粉状香辛料易受潮、结块和变质，存放时间过长会导致挥发性成分的丧失，且在食品中可能留下残渣，难以清除。

3.香辛料提取物

香辛料提取物通过蒸馏、萃取、压榨等方法从香辛料中提取有效成分，如精油、树脂等。这类提取物是香辛料的重要发展趋势，因其高度浓缩和纯净的香味特性而受到欢迎。提取物可用于精确调味并保持一致的风味强度，但其生产成本相对较高。

4.微胶囊型香辛料

为了防止精油挥发损失并提高油树脂的稳定性，微胶囊型香辛料被开发出来。这种香辛料通过将香辛料与环糊精、明胶等微胶囊壁材混合后包埋，并通过微胶囊化手段制成。微胶囊型香辛料的优点在于其分散性好，香味不易挥发，且产品质量稳定，更适合长期储存和运输。

（二）常用的香辛料

1.姜

姜也称生姜或白姜，以其独特的芳香和辛辣味而著称。它含有的挥发油成分主要是姜辣素及其分解产物姜酮和姜烯酚，能够赋予姜典型的辛辣风味。姜中还含有姜黄素，这是一种天然食用色素，对调味和调色有显著效果。姜可以新鲜使用，也可干制成粉末，广泛用于日常调味、腌制食品以及多种调味粉（如五香粉、咖喱粉）和调味酱中。姜还可用于制作姜汁、姜酒和姜油等产品。

2.花椒

花椒的果皮中含有丰富的挥发性油，油中含有异茴香脑和牛儿醇等成分，具有特殊的强烈芳香气。花椒的辣味主要来自山椒素。花椒在食品加工中用途广泛，特别是在构成麻辣风味的菜肴中。它可以用于肉制品、焙烤和腌制食品的调味，是许多地区烹饪中不可或缺的调味料。

3.辣椒

辣椒果实含有脂肪油、挥发性油、树脂等成分，其辣味主要来自辣椒素和挥发油。辣椒在食品加工中是常用的调味品，鲜果可直接作为蔬菜使用或磨成辣椒酱；成熟干果可磨成辣椒粉，也可进一步提取成辣椒油。辣椒的使用增加了菜肴的辣味和色泽，为食物带来特有的风味。

4. 大蒜

大蒜以其强烈的蒜臭气味而知名，是香辛料中的重要成分。大蒜含有的挥发性油主要由含硫化合物构成，赋予了大蒜独特的辣味和臭味。大蒜油的有效成分包括大蒜辣素、蒜新素及多种烯丙基硫醚化合物，是大蒜食疗价值的主要物质基础。大蒜广泛用于新鲜或脱水形式（如粉末脱水大蒜头、大蒜精油、大蒜油树脂等），在食品加工中常用于提升风味和增加营养价值。

5. 八角茴香

八角茴香具有强烈的山楂花香气，味道温暖、辛辣且略带甜味。八角茴香的主要形态有整八角、八角粉和八角精油等。精油中的主要芳香成分是茴香脑，还包括黄樟油素、茴香醛、茴香酮、茵香酸等。八角茴香是常用的传统调味料，尤其在肉品加工中发挥重要作用，能够去腥、防腐并恢复肉品的香气。

6. 其他香辛料

其他常用的香辛料包括胡椒、小茴香、肉豆蔻、豆蔻、砂仁、肉桂、月桂、薄荷、芫荽、芥菜、桂花、紫苏、姜黄等，它们各具特色，广泛应用于不同的烹饪风格和食品加工中。

第三章　食品微细化原理与技术

第一节　食品粉碎的基本原理

一、粉碎的概念与目的

粉碎是用机械力的方法来克服固体物料内部凝聚力达到使之破碎的单元操作。习惯上有时将大块物料分裂成小块物料的操作称为破碎，将小块物料分裂成细粉的操作称为磨碎或研磨，两者又统称为粉碎。[①]

食品加工中的粉碎一般有以下目的。

（一）制取一定粒度的制品

在食品加工中，粉碎可用于制取具有特定粒度的制品，如盐、砂糖、咖啡和可可豆等。这一过程确保了产品的一致性和质量。例如，砂糖和盐需要被粉碎成细小均匀的颗粒，以便于使用和测量；咖啡和可可豆的粉碎对于释放其香气和风味至关重要。精确控制粉碎过程可以确保最终产品的口感和外观符合特定标准。

---

① 高福成，郑建仙．食品工程高新技术 [M]．2 版．北京：中国轻工业出版社，2020：13.

（二）为进一步加工做准备

粉碎可用于将固体物料（如薯类、玉米、小麦等）破碎成细小颗粒，将其作为进一步加工的原料。例如，粉碎可将玉米或小麦粉碎成粉末，以便提取淀粉或制成面粉。这一步骤是许多食品加工过程中必不可少的，它确保了原料的均匀性和加工效率。

（三）使原料混合均匀

粉碎可将两种或两种以上的固体原料混合。通过粉碎，不同的原料可以被细化并均匀混合在一起，这对于制作各种调味粉尤为重要。均匀混合的调味料能够提供一致的味道和质量，对于保证食品的风味和品质至关重要。

（四）便于干燥或溶解

粉碎可使固体原料更容易干燥或溶解，如在干燥食品和饲料的生产中，将原料粉碎成较小的颗粒可以增加表面积，从而加快干燥过程。粉碎也可使某些固体原料更易于水或其他溶剂的溶解，这对于制作速溶饮品、汤料和其他即食食品至关重要，提高了处理效率和产品的便利性。

（三）粒度分布的测定

粒度分布的测定对于理解和控制粉碎物料的特性至关重要。有多种方法可以用来测定微粉碎或超微粉碎物的粒度分布，其中常用的包括筛析法、显微镜法和沉降法。

1. 筛析法

筛析法是一种传统且广泛使用的粒度分布测定方法，它通过一系列不同孔径的筛网将粉碎物料进行分级。物料放置在筛网的最上层，随着筛网的震动或手动筛分，物料按颗粒大小通过不同孔径的筛网，从而被分离。随后，每层筛网上的物料将被收集并称重。通过计算各筛网上物料的质量百分比，我们可以得到整个样品的粒度分布。筛析法简单、直观，适用于较粗粒度范围的测量，但对于非常细的粉末或颗粒形状不规则的物料，测量精度可能会降低。

2.显微镜法

显微镜法是利用显微镜观察和测量单个颗粒的大小来确定粒度分布。样品在显微镜下被制成薄片或分散在载玻片上，我们可通过显微镜观察并测量大量单个颗粒的直径。这种方法可以提供非常精确的粒度数据，尤其适用于超微粉碎物料的粒度测量。然而，显微镜法比较耗时，需要专业的操作技巧，并且对于高度聚集或不规则形状的颗粒，准确度可能受到影响。

3.沉降法

沉降法是利用粒子在流体中沉降速度的差异来测定粒度分布的方法。在这个过程中，粉末样品被分散在适当的液体介质中，然后允许颗粒根据其大小和密度在液体中沉降。通过测量不同时间点液体中悬浮颗粒的浓度，我们可以推算出粒度分布。沉降法适用于范围广泛的粒径，特别是对于那些太细小而无法通过筛网的颗粒。这种方法可以应用于激光散射技术，以提高测量的速度和精度。但沉降法的准确度受到粒子密度、形状和分散性的影响，且操作过程较为复杂。

二、粉碎力的主要形式

物料粉碎是一个复杂的过程，涉及多种力的作用。根据施加的力的类型和方式的不同，粉碎力的基本形式可分为压碎、劈碎、折断、磨碎和冲击破碎等。

（一）压碎

压碎是将外力（如压力）直接作用于物料，使其颗粒之间或颗粒与固定面之间发生塑性变形甚至破碎。压碎效率较高，特别适用于大块硬质物料的初步破碎。在食品工业中，谷物破碎、糖块破碎等常采用此方法。压碎过程中，物料的颗粒尺寸减小，但形状不规则，产生的粉尘相对较少。

（二）劈碎

劈碎是物料在受到对向或非对称力作用时，沿其天然或弱面产生裂纹并逐渐扩展至破碎的过程。劈碎通常适用于结构层次较为明显的物料，如岩石。在食品工业中，坚果的开裂处理就是利用的劈碎原理。

（三）折断

折断是指物料在受到弯曲力作用时，由于内部应力超过物料的抗弯强度而发生断裂的过程。这种粉碎方式常用于脆性物料，如玻璃、某些晶体和部分干燥食品。折断通常会产生较为均匀和规则的颗粒。

（四）磨碎

磨碎是通过摩擦或剪切力将物料颗粒磨细的过程。在食品加工中，磨碎广泛用于粮食、香料和其他干燥物料的粉碎。磨碎可以使用球磨机、辊磨机或碾磨机等设备完成。这种方式适合从粗粒到超细粉的加工，特别适用于硬质、脆性和某些纤维性物料。

（五）冲击破碎

冲击破碎是物料在受到高速运动的物体冲击时发生破碎的过程。冲击破碎的力度大，破碎速度快，适用于脆性物料和中等硬度的物料。常见的设备有锤式破碎机和冲击式破碎机。冲击破碎可产生较细的粉末，但可能伴随较高的能量消耗和噪声。在食品工业中，这种方式适用于某些干果和干燥的根茎类物料的粉碎。

第二节　干法粉碎技术

干法粉碎技术是一种将食品原料粉碎成微细粒度的方法，不涉及水分或其他液体的使用。这种技术在食品工业中广泛应用，尤其适用于那些需保持低水分含量的干燥食品，如谷物、香料、坚果和干果等。

一、冲击式粉碎

（一）工作原理

冲击式粉碎主要依靠物料与高速旋转的冲击板之间的碰撞来实现粉碎。物料从入料口进入，并与旋转的冲击板接触，在高速冲击下物料被粉碎，筛网负责控制粉碎后的粒度。

（二）冲击式粉碎机

冲击式粉碎机根据冲击力的作用方式可分为两大类：机械冲击式粉碎机和气流式粉碎机。

1. 机械冲击式粉碎机

机械冲击式粉碎机主要依赖高速旋转的棒、锤或其他部件对物料进行冲击或打击，从而实现粉碎。物料通常通过入料口进入粉碎腔，在这里它们会遇到快速旋转的冲击部件。这些部件以极高的速度旋转，将物料击碎成更小的颗粒。

食品工业上常用的机械冲击式粉碎机主要有锤击式粉碎机和盘击式粉碎机两种类型。

（1）锤击式粉碎机。在锤击式粉碎机的工作过程中，锤头以高速旋转产生的离心力使锤头冲向内壁。这时，物料被投入粉碎机，与高速移动的锤头发生碰撞，通过冲击、摩擦和剪切等作用力被有效粉碎。这些作用力不仅产生在锤头与物料之间，还发生在物料颗粒间，使粉碎过程更加彻底和均匀。

锤片作为锤击式粉碎机的关键部件，其形状、安装位置及耐磨性对机器的效率和耐用性有着重要影响。常见的锤片形状包括矩形和阶梯形，它们可以垂直或平行于主轴安放。锤片由于是主要的易损件，因此需要具有高度的耐磨和耐冲击性能，以应对粉碎过程中的高强度摩擦和撞击。锤片的排列方式直接关系到转子的平衡、物料在粉碎室内的分布以及锤片自身的磨损程度。为了保证粉碎效果和机器的稳定运行，锤片的运动轨迹需要在整个粉碎室内分布均匀，避免物料被推向一侧，这有利于转子的动平衡与静平衡。

粉碎机中的筛片也是一个关键部件，它不仅增强了物料的摩擦作用，帮助减小粉碎物的粒度，其包角大小还会影响粉碎机的排料能力。一个较大的包角意味着较大的物料筛理面积，有助于物料的排出。然而，筛片的存在也可能会阻碍物料的排出，导致物料在粉碎室内停留时间延长，从而增加功率损耗。

锤击式粉碎机由于能够处理多种物料（包括脆性、韧性和纤维性物料），因此在食品工业中很受欢迎。从薯干、玉米、大豆到咖啡、可可、蔗糖、大米及各种饲料等，都可以通过这种粉碎机得到有效处理。

（2）盘击式粉碎机。盘击式粉碎机主要由两个可相互靠近的圆盘组成，一个是定盘，另一个是高速旋转的动盘。动盘和定盘上布置有大量的齿状、针状或棒状指爪，这些指爪按照同心圆排列，相互之间错综复杂。这种设计使一个圆盘上的每层指爪都能伸入另一个圆盘的两层指爪之间，形成了一种独特的相互作用模式。两个圆盘进行相对运动时，不仅能产生对物料的冲击力，还可产生分割和拉碎的作用，特别适合于纤维性物料的粉碎。

根据盘轴的方向，盘击式粉碎机可分为立式和卧式两种。立式粉碎机通常占地面积较小，更适合空间有限的环境；而卧式粉碎机在处理大批量物料时应用更普遍。

2.气流式粉碎机

气流式粉碎机是一种比较成熟的超微粉碎设备，它利用高速气流或过热蒸汽生成的动能，使物料颗粒加速并产生相互冲击力和碰撞力或与器壁发生冲击碰撞，从而达到粉碎目的。在这个过程中，物料颗粒被高速气流卷入，发生强烈的相互碰撞和撞击。

（1）气流式粉碎机的效率。从理论上分析，粉碎机的粉碎能力与动力的关系为

$$P = c(H_P)^\sigma \tag{3-3}$$

式中：P 为粉碎能力，单位为 t/h；H_P 为粉碎动力消耗，单位为 kW；σ 为粉碎动力指数；c 为实验测得的系数。

我们若想提高气流式粉碎机的效率，就必须增加颗粒之间的碰撞概率，需要考虑被粉碎物料的物化性质、受力时的塑性变形、高真空时产生的龟裂及颗粒粒度等因素。通过增大进料量，我们可以提高气流式粉碎机内的颗粒密度，从而增加颗粒间的冲击与碰撞概率，但这也有一定的限制，如果粉碎室内颗粒密度太大，颗粒间的互相干扰作用增强，反而会使粉碎效率下降。要提高碰撞概率一般可增加冲击速度，对于不同性质的物料与不同直径的颗粒，我们应选择与之相应的最佳冲击速度。

在粉碎过程中，如果进料速度低，那么物料在粉碎室内的停留时间会变长，使循环次数增加，粉碎细度提高；但进料速度低会使单位容积内的颗粒数量减少，颗粒间的碰撞概率相应降低，粉碎粒度也下降。若进料速度过高，则停留时间太短，对粉碎也不利。提高粉碎压力会增大冲击速度，这样的粉碎应力概率也增大，对粉碎过程有利。

根据上述关系，我们在粉碎时可以选用合理的粉碎压力和最佳气 - 固比，以提高粉碎效率。粉碎效率的计算方法为

$$\bar{\eta} = \frac{e_t - a_p q}{e} \tag{3-4}$$

式中：e_t 为粉碎单位质量成品所需的理想能量，单位为 J/kg；a_p 为成品颗粒的比表面积，单位为 m²；e 为粉碎每单位质量成品所需的实际能量，单位为 J/kg；q 为单位质量成品的比表面能量，单位为 J/（m²·kg）。

（2）气流式超微粉碎的特点。气流式超微粉碎具有以下特点。

①成品粉碎比高、粒度细。气流式超微粉碎技术能够产生平均粒径在 5 μm 以下的超细粉末。这种高效的粉碎能力使气流式超微粉碎在需要高度细化的物料处理领域非常有用。

②设备结构紧凑且磨损小。该粉碎技术的另一优势是设备结构紧凑，占地空间小，且机器部件的磨损相对较低。这意味着长期运行成本较低，并且维护和修理相对容易。但需要注意的是，这种粉碎方式的动力消耗较大。

③分级作用可保证成品粒度均匀。在粉碎过程中，气流式超微粉碎机设置了分级机制，可以有效地将粗粒和细粒分离，保证了成品的粒度均匀性。这是利用离心力的作用来实现的，粗粒由于重力较大而不会混入细粒成品中。

④适合热敏性物料的粉碎。由于压缩空气或过热蒸汽在膨胀过程中会吸收大量能量并产生制冷效应，这会产生较低的处理温度，因此非常适合热敏性物料的超微粉碎等。

⑤多单元联合操作。气流式超微粉碎易于实现多单元联合操作，如结合粉碎和干燥处理或同时处理两种配比差异较大的物料并进行混合。该粉碎技术还可以在粉碎的同时进行包囊处理，增加产品的附加值。

⑥易于实现无菌操作，卫生条件好。由于其封闭的操作系统和高效的处理方式，气流式超微粉碎非常适合需要无菌条件的应用。这种技术能够在保持高卫生标准的同时进行有效的物料处理。

（3）气流式超微粉碎机的类型。气流式超微粉碎过程是在专用的气流式超微粉碎机上完成的。气流式超微粉碎机又称为流体能量磨（流能磨）或射流磨，有环形喷射式、圆盘式、对冲式和超声速式等类型。

①环形喷射式超微粉碎机。环形喷射式超微粉碎机是一种常见的流体能量磨，其主要特点是使用多个置于环形室内壁的喷嘴将空气或其他气体高速喷射出来，形成强烈的气流。物料从入料口进入后，被这些高速气流所捕获，进而在高速碰撞和剪切力的作用下被迅速粉碎。由于物料颗粒在环形室内的运动轨迹较复杂，这种方式可以有效地增加颗粒间的碰撞次数，从而提高粉碎效率。环形喷射式超微粉碎机适用于硬度中等的物料，特别是在需要均匀细致粉碎的应用中表现出色。

②圆盘式超微粉碎机。圆盘式超微粉碎机的设计中包含一个或多个高速旋转的圆盘，这些圆盘上配有喷嘴，用于喷射气流。物料通过中央入料口进入，并在圆盘的高速旋转下被抛向外围。在这个过程中，物料颗粒被气流加速并与其他颗粒或机器壁发生高速碰撞，从而达到粉碎目的。这种类型的粉碎机适用于对物料的热敏性要求较高的场合，因为其

在粉碎过程中产生的热量较低，可以避免物料特性的改变。

③对冲式超微粉碎机。对冲式超微粉碎机通过两个或多个做高速相对运动的气流来实现物料的粉碎。物料在这些做相对运动的气流中被加速，并在气流交汇点发生剧烈的撞击和剪切，从而被粉碎。这种类型的粉碎机特别适用于极细物料的粉碎，因为它可以在保持较低温度的同时，实现高效的粉碎。对冲式超微粉碎机的设计提高了物料在粉碎过程中的能量利用率和粉碎效率。

④超声速式超微粉碎机。超声速式超微粉碎机使用超声速的气流来实现粉碎。在这种粉碎机中，气流通过特殊设计的喷嘴以超声速喷射出来，物料在这些极高速度的气流中被迅速加速，并与其他颗粒或粉碎机壁发生高速碰撞，从而实现粉碎。超声速式超微粉碎机的主要优点是粉碎速度快，能够处理一些特别难以粉碎的物料。由于粉碎过程中的温度控制较好，它也适用于热敏性物料的粉碎。

（三）冲击式粉碎技术的应用领域

冲击式粉碎技术适用于硬度较低、脆性较大的物料，如某些谷物、干燥的食品材料等。在食品工业中，它主要用于面粉制作、谷物加工等。通过高效的粉碎过程，冲击式粉碎技术可将小麦、玉米等谷物转化为细腻的面粉。这种粉碎技术不仅提高了面粉的生产效率，还能确保粉碎过程中的温度控制，避免因高温而破坏谷物中的营养成分。冲击式粉碎技术也广泛用于其他谷物加工，如大米、燕麦等的研磨以及干果、豆类和香料的粉碎。

二、磨介式粉碎

（一）工作原理

磨介式粉碎是一种传统而有效的物料加工技术，其核心工作原理是使用磨石对物料施加摩擦力和挤压力。在这个过程中，物料被放置在两个磨石之间，这些磨石可以是固定的，也可以是相对移动的。物料在通过磨石之间的缝隙时会受到来自磨石的强烈摩擦力和挤压力，这些力共同作用于物料，使物料结构被破坏，从而达到粉碎的效果。

（二）磨介式粉碎机

在食品工业中，磨介式粉碎机是处理各种食材的关键设备。下面介绍三种在食品加工中常用的磨介式粉碎机。

1.石磨机

石磨机是一种传统且广泛使用的磨介式粉碎机，特别适用于谷物（如小麦、玉米等）的加工，其工作原理基于两块平行的石磨之间的摩擦和挤压。上石旋转时，谷物在两石磨之间经受挤压和研磨，从而被粉碎成面粉。石磨机的主要优点在于它能够在较低的速度下工作，减少了热量的产生，有助于保持面粉的营养成分和天然味道。这种低速、低温的粉碎过程使石磨面粉在食品工业中被认为是高品质的。石磨机适用于有机食品和健康食品市场，尤其是在制作全麦面粉和各种杂粮面粉方面。

2.辊式磨机

辊式磨机在食品工业中用于大规模的谷物加工，尤其是面粉生产。它主要由一对或多对平行安装的磨辊组成，谷物在这些磨辊之间通过，受到挤压和剪切作用而被粉碎。与石磨机相比，辊式磨机的生产效率更高，更适合于工业化大批量生产。辊式磨机能够精确地控制粉碎后的粒度，从而生产出质量均一的面粉。辊式磨机在处理过程中产生的热量较低，有助于保持谷物的营养和风味，广泛应用于现代面粉厂，是生产高品质面粉的重要设备。

3.球磨机

球磨机虽然在矿物加工和化工领域更为常见，但它也在食品工业中发挥着重要作用，尤其是在加工可可粉和巧克力制品方面。球磨机内部填充有大量的球形磨介（通常是钢球或陶瓷球），当机器旋转时，这些球体随之运动并撞击物料，实现粉碎和细化。在食品加工中，球磨机可用于细化可可豆并将其磨成细腻的可可粉，或用于生产巧克力酱，使其质地更加光滑细腻。球磨机可以精确控制加工过程中的时间和温度，保证了产品的质量和口感。

（三）磨介式粉碎技术的应用领域

磨介式粉碎技术适用于柔性或纤维性物料的粉碎，常用于粗粮粉、豆类、香料和草药加工等。

对于粗粮类食品（如玉米、燕麦、大麦等），磨介式粉碎技术能够有效地将它们加工成粉末或小颗粒，同时保持其天然的营养成分和风味，这种粉碎方式特别适用于生产全谷物食品和健康食品，因为它可以减少加热过程中可能发生的营养成分损失。在豆类加工方面，磨介式粉碎机同样显示出其独特优势，豆类产品（如黄豆、绿豆和豌豆等）含有较高的纤维和蛋白质，需要温和且均匀的粉碎过程以保持其结构和营养价值，磨介式粉碎机通过适度的压力和摩擦力将豆类加工成粉末或浆料，这些形态的豆类产品可以用于制作豆浆、豆腐和其他各种豆制品。磨介式粉碎技术在加工草药和天然香料时也非常有效，它能够在不过度加热的情况下，保持这些材料的天然香气和药效成分。

三、转辊式粉碎

（一）工作原理

转辊式粉碎主要依靠两个或多个对旋的辊子对物料进行挤压和剪切来实现粉碎。物料通过辊间的缝隙时会受到强大的剪切和挤压作用。

（二）转辊式粉碎机

在食品工业中，转辊式粉碎机是处理多种食品原料的关键设备。常用的转辊式粉碎机有以下几种。

1.双辊式粉碎机

双辊式粉碎机是一种简单且广泛应用的转辊式粉碎设备，主要由两个平行安装的辊子组成。这种粉碎机适用于中等硬度的物料，如谷物、豆类和某些干燥的根茎类食材。物料通过两辊间的缝隙时会受到辊子的挤压和剪切作用而被粉碎。双辊式粉碎机的间隙可调，以适应不同大小和硬度的物料，从而实现所需的粉碎效果。由于其结构简单、操作方便、维护成本相对较低，因此双辊式粉碎机在食品工业中得到了广泛应用，特别是在小型食品加工厂和研究实验室中。

2.三辊式粉碎机

三辊式粉碎机比双辊式粉碎机更为复杂，它包含三个水平排列的辊子，通常是一个中心辊子和两个外部辊子。这种设计允许物料经过两次不同的粉碎过程，从而实现更细致的粉碎效果。三辊式粉碎机在食品工业中常用于需要高度均匀和细致加工的物料，如精细研磨巧克力浆料、果酱、坚果膏等。由于三个辊子可以独立控制，因此三辊式粉碎机能够提供更精确的粒度调整，适用于对粒度要求较高的精细加工。

3.多辊式粉碎机

多辊式粉碎机是一种更高级的转辊式粉碎设备，通常包含四个或四个以上的辊子。这种粉碎机设计用于高效率和高精度的粉碎任务，特别适合于大规模的工业生产。多辊式粉碎机可以精细调整辊子间的距离和压力，从而适应不同物料的特性和加工要求。在食品工业中，多辊式粉碎机常用于研磨精细粉末，如特殊面粉、糖粉和高级调味品等。由于其高效的处理能力和精确的粒度控制，多辊式粉碎机在食品加工行业中越来越受到重视。

（三）转辊式粉碎技术的应用领域

转辊式粉碎技术适合于中硬度物料的粉碎，如种子、坚果以及谷物破壳和粉体制备等。

在谷物加工方面，转辊式粉碎机特别适用于去除谷物外壳和破碎谷物，如小麦、大麦、玉米等。这种处理方式能够在不损害谷物内核的情况下去除硬壳，为后续的磨粉过程做好准备。例如，在制作全麦面粉的过程中，转辊式粉碎机能够有效去除麦壳，同时保留麦核中的营养成分。

对于坚果类食品（如杏仁、核桃等），转辊式粉碎技术同样发挥着重要作用。它能够将坚果压碎成小颗粒或粉末状，便于食品加工和制备各种坚果产品。转辊式粉碎机由于可以精确控制粉碎程度，因此非常适合生产坚果膏、坚果粉和其他需要均匀细腻粒度的坚果制品。

在制备粉体食品（如各种谷物粉、豆粉等）方面，转辊式粉碎机也显示出其优越性。它不仅能保证粉末的均匀细度，还能在粉碎过程中减少热量产生，有助于保持食材的原味和营养。

第三节　湿法粉碎技术

湿法粉碎是食品加工中的重要粉碎手段，它不仅能将固体颗粒的尺寸减小，还能使液体的液滴减少。食品加工常常遇到的是固、液混合体系，若将物料干燥后粉碎，一则增加了加工的能量消耗，二则增加了加工难度，因为许多物料在液体体系中处于溶胀状态，质地很软，易于加工。因此，湿法粉碎对食品加工意义重大。

一、技术原理

湿法粉碎技术是一种在液体环境中进行的粉碎方法，它通过液体介质的使用、物理力的有效应用以及热量的控制，实现了对食品原料的高效和温和粉碎，从而在食品加工领域发挥着重要作用。

（一）液体介质的使用

在湿法粉碎过程中，液体（通常是水或特定的溶剂）作为介质是至关重要的。这种技术不同于传统的干磨，因为它在液体环境中进行，可以有效地减少物料加热和可能产生的热损伤。液体介质还有助于减少粉尘和其他颗粒物的释放，从而使工作环境更加安全和清洁。

（二）物理力的作用

湿法粉碎依赖于物理力（如剪切力、冲击力和摩擦力）来实现粉碎效果。当物料和液体一起被输入粉碎设备时，这些物理力会被施加到物料上，使物料的结构被破坏并将物料粉碎成更细小的颗粒。在液体介质中，这些力可以更均匀地分布在物料上，从而实现更均一的粉碎效果。

（三）热量的分散和控制

由于物料是在液体中被处理的，因此在粉碎过程中产生的热量可以迅速通过液体介质分散。这种热量的快速分散有助于保护物料免受过热造成的营养和风味损失，特别是对于热敏性食品材料而言。因此，湿法粉碎特别适合于那些需要保持原有色泽、口味和营养成分的食品加工。

二、湿法粉碎的主要设备

湿法粉碎的主要设备有胶体磨、高压均质机和超声波乳化器。

（一）胶体磨

1.胶体磨的基本构造与工作原理

胶体磨是一种用于细致化物料的湿法粉碎设备，主要由一个磨头和一个磨盘组成，磨头和磨盘通常由不锈钢或其他耐腐蚀材料制成。在工作时，被加工的物料在磨头和磨盘之间通过时会受到强烈的剪切力、冲击力和摩擦力，这些力的作用使物料粒子被粉碎至微米或纳米级别。胶体磨的磨头和磨盘之间的距离可以调节，以适应不同物料的粉碎要求。通过这种方式，胶体磨能有效地处理多种液体和半固体物料，使其达到所需的细度和均匀性。

2.胶体磨的特点

（1）超微粉碎能力和多功能性。胶体磨能在极短的时间内对悬浮液中的固形物进行高度微粒化处理，使成品粒径达到 1 μm 甚至更细。胶体磨不仅具有粉碎功能，它还具备混合、搅拌、分散和乳化的多重功能，是一种多功能的加工设备。这种多功能性使胶体磨在食品工业应用中都能发挥关键作用，增加了其应用范围和灵活性。

（2）高效率和高产量。相比传统的球磨机和辊式磨机，胶体磨的效率高出约 2 倍[①]，这意味着在相同的时间内，胶体磨能处理更多的物料，同时保持高品质的产出。这种高效率显著减少了生产时间和能源消耗，对于提高生产效率和降低成本具有重要意义。在需要大量细致加工的行业中，胶体磨的高效率和高产量特性使其成为首选的加工设备。

（3）粒度控制精确，结构简单。通过调节两磨体之间的距离（可达到 1 μm 甚至更小），操作者能够精确控制成品的粒径大小，从而满足不同应用对粒度的严格要求。胶体磨的结构简单、操作方便，占地面积小，易于安装和维护。

（二）高压均质机

1.均质的概念

均质是将液体分散体系（如悬浮液或乳化液）中的分散物（如固体颗粒或液滴）进行微细化和均匀化处理的过程。这一过程的主要目的是减小分散物的尺寸并提高其在连续相中的分布均匀性。在实施均质过程中，不均匀分散的颗粒或液滴被细化为更小的单元，从而显著改善了悬浮液或乳化液的稳定性和均一性。

在现代食品加工业中，均质的作用日益重要。液态食品（如乳制品和各种饮料）的质量和稳定性在很大程度上取决于食品中分散相物质的粒度大小及分布的均匀性。粒度越小且分布越均匀，食品的悬浮（或沉

[①] 张根生，韩冰．食品加工单元操作原理[M]．北京：科学出版社，2013：24.

降）稳定性就越强。这不仅影响食品的储存和口感，还关系到食品的外观和感官品质。

均质过程的本质是一种破碎过程，因此均质技术成为破碎生物细胞、提高细胞提取物产率的重要手段。在提取某些植物或动物细胞中的活性成分时，均质可以有效地破坏细胞壁，从而使细胞释放出更多的内容物，增加提取物的产量。

2.高压均质机的工作原理

高压均质机的核心工作部件是均质阀，其工作原理与胶体磨相似。当高压物料流经阀盘和阀座间的缝隙时，由于缝隙的形状和尺寸，物料在阀内部产生了较大的速度梯度，缝隙中心的物料流速最大，紧贴阀盘和阀座的物料流速则趋近于零。由速度梯度产生的剪切力会使液滴或颗粒发生变形和破裂，从而达到微粒化的目的。

有时为了改善浆料的乳化分散性，我们可采取两级均质法。物料首先经过高压的一级均质处理，然后立即进行压力较低的第二级均质处理。这样做的原因是，经过第一级均质后，新形成的细小液滴的相界面仍然存在重新并合的倾向，第二级的低压处理有助于进一步稳定这些液滴，使其在浆料中更均匀地分布。

均质机与胶体磨相比较，前者适于处理黏度较低的制品（低于 $0.2\ \mathrm{Pa \cdot s}$），而后者适于处理黏度较高的制品（大于 $1.0\ \mathrm{Pa \cdot s}$）。[1] 对于黏度介于上述范围之内的物料，两者均可使用，但均质机可得到更细的乳化分散性。

3.高压均质机的应用

高压均质机可用来加工许多食品。应用均质机处理不同产品时，最重要的是选择适当的均质机工作压强。实际的均质压强应按产品的配方、需要的产品货架寿命及其他指标决定。表3-1为一些应用均质机的产品及所应用的压强范围。有些产品经过一次均质处理还达不到要求，要对

---

[1] 车云波．功能食品加工技术[M]．北京：中国计量出版社，2013：37.

物料进行重复均质或者采用双级均质阀进行处理。

表3-1　应用不同均质压强的产品举例

均质压强范围 / MPa	制品
3~21	乳品、稀奶油、冰激凌、软干酪、酸乳、液蛋、杏汁、番茄制品、热带果茶、咖啡伴侣、巧克力糖浆、软糖、稀奶油替代品、用肉及蔬菜制备的婴儿食品等
21~35	橙汁、果茶、风味油乳化液、花生酱、用肉和蔬菜制备的婴儿食品、淀粉、鸡肉制品、肉制涂布料、芥末、豆奶等
35~55	冷冻搅打甜食的装饰品、酵母、花生酱、鸡肉制品等

在使用高压均质机时，我们应将供料容器的出口设置在高于均质机入料口的位置。如果无法满足这一条件，我们通常需要使用离心泵作为启动泵来输送物料。此外，在操作过程中，我们应特别注意避免中途断料的情况发生，因为这可能导致不稳定的高压冲击载荷，从而对均质设备造成严重损伤。物料中混入过多空气也可能引起类似的冲击载荷效应。因此，在进行某些产品的均质处理前先进行脱气处理是必要的，这可以确保均质过程的平稳进行和设备的安全运行。

（三）超声波乳化器

超声波是频率大于 20 kHz 的声波，当超声波穿过物料时，它会对物料产生迅速交替的压缩和膨胀作用。这种作用会对物料中的气泡或液滴产生显著影响。在膨胀周期内，物料受到张力，使其中的气泡膨胀；而在随后的压缩周期内，这些气泡又会被迅速压缩。物料中的气泡在超声波的压缩作用下急速崩溃时，会产生巨大的复杂应力，这种现象称为"空蚀"作用。空蚀作用会在物料中释放能量，特别是当物料中含有溶解氧或微小气泡时，这种现象更为显著。即使在没有气体存在的物料中，空蚀作用也可能发生，存在气泡或溶解气体可以显著促进这一过程。

对于乳化液中的悬浮液滴，若空蚀作用发生在两相界面上，液滴会受到巨大的应力并被分散成更细的液滴。这种作用使原本较大的液滴破碎成更小的颗粒，从而形成更为稳定的乳化系统。这就是超声波乳化的基本原理。通过这种方式，超声波乳化器能够有效地制备稳定的乳化液，非常适用于食品的生产。

第四节　食品微细化技术在食品工业中的应用

一、巧克力的生产

巧克力是一种超微颗粒的多相分散体系，其中油脂属于分散介质，是连续相，而糖和可可粉作为分散相，被微细化并均匀分布于油脂中。这一体系还包含少量水分和空气，它们同样以分散体系的形式存在。巧克力在溶化时，这些细小的干物质粒子以悬浮体的形式分散在液态的油脂中。当巧克力经过调温和冷却凝固时，油脂以特定的晶型固定下来，形成紧密的晶格结构，同时将可可粉、糖和乳干物质等微小粒子固定在其中。在常温下，精制的巧克力被视为一种高度均一的固态混合物。

巧克力的生产流程如下：可可豆→清理→焙炒→簸筛→初粉碎→混合配料→超微粉碎（精磨）→精炼→调温→浇模→振模→硬化→脱模→包装→成品。

巧克力独特的口感（特别是它的细腻和滑润感）主要归功于其作为固态混合物中固体成分的微细分散。在巧克力的生产过程中，所有固体物质（包括可可粉、糖和乳干物质）都经过精细处理，被研磨成非常小且光滑的粒子，这些精细的质粒在油脂的连续相中均匀分布，形成一种高度乳化的状态，使巧克力呈现出乳浊体的特征。巧克力的柔滑口感虽然受多种因素影响，但关键在于其配料的粒度。粒度分析显示，当配料的平均粒度约为 25 μm，其中大部分质粒的粒径在 15 ～ 20 μm 范围内时，巧克力便展现出极佳的细腻和滑润口感；相反，如果平均粒度超过

40 μm，巧克力便会出现粗糙感，从而影响其整体品质。① 因此，在巧克力的生产中，控制配料粒度的微细化处理是确保巧克力优良口感和高品质的关键。针对以上生产流程，下面将主要介绍超微粉碎部分的内容。

由于可可豆含有相当数量的纤维素和夹带的壳皮，其不均匀的大小和质地使磨细工作成为一项挑战。因此，可可豆的磨细通常采取分阶段的方法。

在初级阶段，可可豆被单独磨成初浆料，这一过程被称为初粉碎或初磨。这一阶段涉及多种磨粉设备的选择，如辊磨、盘磨、球磨机和胶体磨等。初磨后得到的浆料颗粒的粒度为 15 ～ 120 μm。初磨得到的可可浆料可以根据需要进行压榨以提取可可脂，或者补充可可脂以调整其组成和比例。

接下来，将初磨得到的可可浆料与其他配料（如糖粉、卵磷脂和奶粉等）混合，再次进行磨粉以达到巧克力所需的精细程度，这一过程被称为精磨或超微粉碎。精磨对巧克力成品的品质特性有着至关重要的影响，是整个生产过程中重要的单元操作之一。巧克力的细度取决于精磨的方式和程度，包括精磨设备的类型和操作程序。效率高的精磨设备一般都具有以下特点：设备的材质应具有很高的硬度和耐磨性、较高的转速、较高的加工精密度和配备自动控制系统等。目前常用的设备是五辊精磨机和三辊精磨机。

二、功能性食品基料的制备

功能性食品就是具有调节生理节律、预防疾病和促进康复等功能的工程化食品。功能性食品中真正起作用的成分称为生理活性成分，富含这些成分的物质称为功能性食品基料（或称生理活性物质）。功能性食品基料的种类繁多，包括膳食纤维、真菌多糖、功能性甜味剂、多不饱和脂肪酸酯、复合脂质、脂肪替代品、自由基清除剂、维生素、微量活性

---

① 张根生，韩冰. 食品加工单元操作原理 [M]. 北京：科学出版社，2013：27.

元素、活性肽、活性蛋白质和乳酸菌等。这些成分在功能性食品的制造过程中起到关键作用，因为它们能够直接或间接地对人体健康产生积极影响。

食品微细化技术在部分功能性食品基料的制备生产中起重要的作用，下面主要介绍两种。

（一）脂肪替代品的制备

脂肪不仅为人体提供必需能量，还丰富了食品的风味、质构和口感，这使富含脂肪的食品广受消费者喜爱。然而，脂肪的过量摄入已被认为是导致肥胖、高血脂、心脏病、动脉硬化和糖尿病等多种健康问题的主要原因。考虑到过量脂肪摄入对健康的不利影响，同时要保证食品的感官质量，因此采用脂肪替代品替换食品中的天然脂肪成分成为减少过量脂肪摄入的有效策略。使用脂肪替代品既能减少脂肪摄入带来的健康风险，又能保持食品的感官特性，满足消费者对美味健康食品的需求。

食品微细化技术在脂肪替代品制备中发挥了关键作用，特别是在以蛋白质微粒为基础成分的脂肪替代品的开发上。这项技术通过超微粉碎（微粒化）过程，将蛋白质颗粒粉碎至特定的细微粒度。由于人体口腔对一定大小和形状的颗粒有一定的感知阈值，当颗粒大小降至低于这一阈值时，颗粒状的感觉就不会被感知，从而产生类似奶油的滑腻口感。

美国 NutraSweet 公司推出的 Simplesse 产品是一个利用湿法超微粉碎技术的典型案例。Simplesse 以牛乳和鸡蛋蛋白为原料，经过热处理使蛋白质发生一定程度的变性，然后通过强烈的湿法超微粉碎，将蛋白颗粒大小降至 $0.1 \sim 2 \ \mu m$。在这样的粒度下，蛋白质颗粒在口腔中几乎无法被感知，这些细小的球形蛋白微粒之间的滚动作用还增强了类似脂肪的滑腻柔和口感。Simplesse 还包含乳糖、柠檬酸、乳化剂和复合抗絮凝剂（如卵磷脂、黄原胶、麦芽糊精或果胶）等成分，这些成分共同作用，使产品具有更好的物化特性和口感。

Simplesse 的能量值仅为 $5.43 \ kJ/g$，由于初始原料蛋白中的胆固醇和脂肪可预先去除，这使 Simplesse 在功能性食品或低能量食品中具有更高的适用性。Simplesse 的主要缺点是具有热不稳定性，容易因热变性而失去滑腻口感，因此主要用于不需要高温处理的食品中。

（二）超微粉碎骨粉的制备

畜禽鲜骨是一种营养丰富的物质，含有大量的蛋白质、脂肪、磷脂质、骨胶原和软骨素等成分，这些成分对儿童大脑神经发育、皮肤滋润和防衰老具有积极作用。鲜骨中还富含维生素 A、B 族维生素、钙和铁等重要营养物质。传统的食用方法（如煮熬鲜骨）往往无法有效提取这些营养成分，导致大量资源的浪费。而气流超微粉碎技术可以将鲜骨经过多级粉碎处理，制成超微骨泥，再进一步经过脱水工艺制成骨粉。这种方法不仅能够保留骨中较高的营养物质，还大大增加了这些营养成分被人体吸收的可能性。骨粉可以作为功能性食品添加剂制成富含钙、铁的系列食品，这些食品不仅营养价值高，还具有独特的营养保健功能。因其丰富的营养成分和较高的生物利用率，骨粉在如今的功能性食品领域中被高度重视，并被誉为具有重要营养保健价值的食品。

三、软饮料加工

我国有悠久的饮茶文化，传统的泡茶方式并不能完全吸收茶叶中的营养成分，尤其是一些不溶或难溶的成分（如维生素 A、维生素 K、蛋白质、碳水化合物和胡萝卜素等），这些成分往往大量残留在茶渣中。采用超微粉碎技术将茶叶制成粒径小于 5 μm 的粉茶，可以使茶叶中的营养成分更易被人体直接吸收，实现即冲即饮的便利。超微粉碎的乌龙茶、红茶和绿茶粉末还可以被加到各种食品中，从而创造出全新的茶制品。

在乳品加工领域，超微粉碎技术同样发挥着关键作用。在牛奶的生产过程中，均质机可以将脂肪球直径细化至 2 μm 以下，从而达到优良的均质效果，改善产品的口感，使产品更易于消化。植物蛋白饮料的制作过程中，胶体磨用于将颗粒磨至 5 ~ 8 μm，随后的均质步骤则将其进一步细化至 1 ~ 2 μm。① 在这样的粒度下，蛋白质固体颗粒的沉降和脂肪颗粒的上浮速度显著减慢，有效提高了产品的稳定性。

当前，利用气流超微粉碎技术开发的软饮料种类繁多，包括粉茶、豆类固体饮料、富钙骨粉饮料和速溶绿豆精等。这类产品不仅在营养价值上有所提升，还在口感和稳定性方面有显著改善，更加符合现代消费者的需求。食品微细化技术的应用不仅提高了传统食品的营养价值和吸收率，还为软饮料的创新和发展提供了新的动力。

---

① 张根生，韩冰. 食品加工单元操作原理 [M]. 北京：科学出版社，2013：29.

第四章 食品分离原理与技术

第一节 食品分离概述

一、食品分离的概念与意义

（一）食品分离的概念

食品分离是指在食品加工过程中，通过各种方法将食品原料或产品中的不同组分有效分离的技术过程。这一过程的关键在于识别和利用食品中各种成分（如水分、脂肪、蛋白质、纤维素、矿物质等）的物理或化学性质的差异，实现所需组分的分离和提纯。

（二）食品分离的意义

1.为食品工业提供优质的基础原料

在食品加工过程中，分离技术能够有效地提取和纯化关键成分，确保最终产品的质量和一致性。例如，在乳品加工中，分离技术可以获得不同脂肪含量的奶制品；在植物油提取中，分离技术可以去除杂质并提纯油脂。分离技术在提取功能性食品成分（如抗氧化剂、维生素、矿物质等）方面也起着至关重要的作用，这些提取的纯净成分为食品制造业提供了更广泛的配料选择，从而增加了产品的多样性和创新性。分离技术还有助于保持食品的自然特性和营养价值，它通过去除不必要的成分，可以提高食品的保健价值和口感质量。

2. 提高食品原材料的综合利用率

有效的分离和提取过程可以从原材料中获得更多有价值的成分，减少浪费。例如，谷物加工中的副产品（如麸皮和胚芽）可以被分离出来用于制作高纤维或高蛋白的食品。在水产品加工中，鱼油和鱼粉的提取是利用副产品的典型例子，这种综合利用不仅提高了原材料的经济价值，还减少了环境负担。从更广泛的角度来看，食品分离技术有助于实现食品生产的可持续性，它通过减少废物的产生和增加副产品的价值创造，促进了资源的循环利用，这不仅对食品行业的经济效益产生了正面影响，还符合全球环保和可持续发展的趋势。简而言之，食品分离技术通过提高原材料的综合利用率，既促进了食品产业的可持续发展，又为企业带来了经济上的利益。

3. 确保食品品质，延长保质期

有效地分离和去除食品中的水分、杂质或微生物可以显著提升食品的稳定性并延长其货架寿命。例如，果汁清澈化过程通过去除果肉和其他悬浮物，不仅改善了产品的透明度和外观，还减少了微生物生长的可能性，从而提高了产品的稳定性，延长了储存期。分离技术还可用于去除或降低某些可能导致食品品质下降的物质（如氧气、金属离子等），进一步保护食品中的敏感成分（如维生素和天然色素）。通过这种方式，食品分离技术不仅提升了食品的品质，还提升了产品的市场价值和消费者对产品的接受度，是食品加工和保鲜的关键。

二、食品分离方法的选择

对于一定混合物的分离，在选择分离的技术方法与工程设备方案时，应考虑的因素比较多，往往因为情况的不同而有很大的差别。过去的食品分离有些是先选定分离方法、设备类型、分离剂，再分析或设计分离过程，但这往往会导致一系列的问题：如果前面的选定不恰当，后边的分析作用就不大。所以我们在进行食品分离时应先分析再选定，通常需要考虑的因素有以下几个方面，如图 4-1 所示。

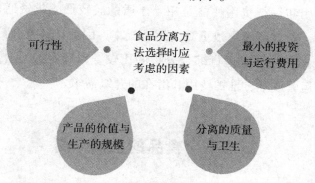

图 4-1　食品分离方法选择时应考虑的因素

（一）可行性

可行性分析主要考虑该分离过程在给定的条件下是否可行，这涉及分离过程能否达到预期的结果，如提取率、纯度等。可行性分析还需要考虑分离过程能否满足所需的极端工艺条件，如温度、压力等。在可行性的框架内，我们可以通过比较不同的分离方法，来选择最容易实现这些极限条件的技术，从而确保分离过程的成功。

（二）产品的价值与生产的规模

高价值产品可以选择能耗较大、更复杂的分离方法，以提高提取率并获得更好的经济效益。价值较低的产品应采用低消耗、大规模生产的方法，以最大化效益。

（三）分离的质量与卫生

食品分离过程必须确保分离后的产品能够保持其原有的色、香、味、营养和口感，这要求所使用的药品、材料和设备都必须符合食品卫生标准。选择分离方法时，我们不仅要保证产品质量，还要确保整个过程符合食品安全和卫生的严格要求。

（四）最小的投资与运行费用

投资费用和运行费用往往是相互矛盾的。较低的投资通常意味着更简单的设备，但这可能导致更高的运行成本。因此，在选择分离方法时，我们需要根据实际情况进行综合分析和比较，以确定最适合的方案，包括考虑长期运营成本、维护费用和潜在的升级需求。

第二节　食品的机械分离

机械分离是根据分离混合物料的一些物理性质上的差异，在一定的机械力作用下达到分离目的的分离方法。这种方法通常只能对异相物料进行分离，如具有固、液、气相的混合物料。[①] 机械分离的范围很广泛，本节主要介绍两种机械分离方法：分级和压榨。

一、分级

食品分级是指依照食品内在品质进行分离处理的机械分离方法。品质因食品的使用目的及方式不同，标准也不唯一。为了适应食品工厂中既定的配方，生产线所用原料应合乎规格标准要求，否则就需要修改食品的加工流程及工艺条件。至于其他食品的品质标准，则多视消费者的嗜好及购买力而定。产品的品质标准直接规定了对原料的不同要求，因此产品标准是食品原料分级的因素。一般我们可以将产品的分级因素分为以下三类：一是物理品质，包括水分含量、单体质量、单体大小、质地、颜色、异杂物和形状等；二是化学品质，包括组分分析、含脂性食

---

① 孙君社. 现代食品加工学 [M]. 北京：中国农业出版社，2001：70.

物的酸败度、游离脂肪酸指数、风味和气味等；三是生物学品质，包括发芽情况、虫害类型与程度、霉变的类型与程度、含菌计数和菌总数等。

常见的分级方法有以下几种。

（一）按大小分级

1.分级原理

按大小分级是一种基于物理尺寸差异对食品原料进行分类的方法，主要通过筛选技术实现。在这个过程中，原料被送入筛选设备中，粒度小于筛孔的物料能够顺利通过筛网，粒度大于筛孔的物料则被留在筛上，从而实现初步的分离。随后，筛网可以进行再次筛分，进一步细分物料。这种多级筛分的方法允许按需调整筛孔大小，使物料可以被精确地按大小分级。筛分过程中，筛选设备的材质选择至关重要，以避免与食品原料发生化学反应，常见材料包括铜和不锈钢等。为了最大限度减少对原料的物理损伤，振动的强度和频率必须严格控制。这种分级方法在食品加工中具有广泛的应用，既适用于谷物和豆类的净化处理，也适用于水果和蔬菜的分级，有效提高了产品的纯度和市场价值，同时为后续加工步骤提供了合适的原料基础。

2.筛式分级机的分类

由于不同的原料产品在状态、抗机械损伤、大小、处理量以及与其他加工操作单元联结方面的差异，市场上出现了各种形式的筛式分级机，其中一些具有较高的通用性。总体来说，这些筛式分级装置可以分为两大主要类别：可调筛径类分级机和固定筛径类分级机。在这两种基本类型中，还存在着多种不同的结构形式，如滚筒式和圆盘式等。

（1）可调筛径类分级机。可调筛径类分级机是一种设计灵活的分级设备，其主要特点是筛网的孔径大小可以根据需要进行调节。这种调整性使可调筛径类分级机在食品加工中极为实用，特别是在处理那些大小不一、需要多级分选的原料时。通过调整筛网孔径，可调筛径类分级机可以针对不同的原料或不同阶段的加工需求进行精确的分级，提高加工效率和产品质量。这种类型的分级机特别适合于那些需要灵活处理多种产品或产品规格变化较大的生产环境。

在食品加工中，常见的几种可调筛径类分级机有以下几种。

①调节式振动筛分级机。这种机器允许操作员根据需要调整筛网的张紧程度或更换不同孔径的筛网，适用于谷物、豆类、干果等多种食品的分级。

②螺旋分级机。该种机器使用螺旋输送器和可调节的开口大小进行分级，适用于果蔬、坚果等，它通过调节开口大小，可以适应不同尺寸的产品分级。

③气流分级机。该种机器利用气流速度的调节来分离不同大小的颗粒，常用于粉状物料（如面粉、糖粉等）的分级。气流速度的调整使分级过程更加精确。

④滚筒式分级机（带可调筛网）。这种分级机配备了可调节孔径的滚筒筛网，适用于处理大批量的谷物或其他固体食品，它通过调节滚筒筛孔的大小，可以实现不同标准的分级。

（2）固定筛径类分级机。固定筛径类分级机是一种在食品加工中广泛使用的设备，其核心特征在于筛网的孔径大小是固定的，不可调节。这种分级机的设计使其特别适用于处理需要特定大小分级的原料。由于筛孔大小固定，它们能够提供一致和重复的分级结果，确保处理过程的稳定性和产品质量的一致性。这类分级机通常用于分离具有相对均匀尺寸的原料，或者在产品的最终处理阶段进行精确分级。

在食品加工中，常见的几种固定筛径类分级机包括以下几种。

①筒式分级机。这种分级机通常用于谷物、豆类和种子的筛选。它由一个转动的筒体组成，筒体表面有固定大小的孔。物料在筒体内部转动时，粒度小于筛孔的颗粒会落下，大颗粒则保留在筒内。

②振动筛分级机。该类分级机适用于水果、蔬菜和谷物的筛选，它使用振动平台和固定筛网进行分级，能够有效地根据物料的尺寸将物料分离。

③斜板筛分级机。该类分级机常用于处理圆形或球形产品，如土豆和柑橘类水果。它利用倾斜的筛板和重力，让不同大小的产品沿着斜板移动并通过不同大小的开口。

④圆盘式分级机。这种机器拥有一系列大小逐渐增大的圆盘开口，物料在圆盘间移动时，较小的颗粒会先被筛选出。

（二）按质量分级

在食品加工中，按质量分级是一种专注于物料单体质量的分级方法，这与依据尺寸进行分级的方式有所不同。质量式分级的特点是它提供了较高的产品质量一致性，但在外形一致性方面可能不如尺寸式分级那么出色。这种分级方法的设备相对于尺寸式分级设备来说更为复杂，但能提供更高的分级精度。

按质量分级的设备根据称重和控制方式的不同，可以分为机械式和电子式两种。机械式质量分级机可进一步分为杠杆式和弹簧式两种类型。杠杆式分级机在使用时需要砝码来产生相同的力矩作为称重依据。弹簧式分级机的使用较为方便，因为它可以通过测量弹簧的伸长比例直接读出质量数值，但这种方法的缺点在于如果弹簧钢质不佳，可能会由于弹性疲劳而产生误差。电子式质量分级机主要依靠先进的电子称重技术和精确的控制系统进行分级。与机械式质量分级机相比，电子式分级机具有更高的准确性和灵敏度，能够精确测量食品单体的质量，并根据预设的标准进行快速、有效的分类。这种分级机通常配有高精度的传感器和先进的数据处理软件，可以实时监测和调整分级过程，确保产品质量的一致性。电子式质量分级机的应用不仅提高了食品加工的效率和精度，还能适应不同类型和规格的食品加工需求，广泛应用于肉类、水果、蔬菜等多种食品的加工中。尽管设备成本相对较高，但高效的分级性能和能提高的产品质量的功能使电子式质量分级机在现代食品加工行业中得到了广泛的应用和认可。

按质量分级不受物料的大小和形状的限制，这使它在食品加工中具有广泛的适用性。分离的精度主要取决于称量设备的设计和校正精度。然而，与其他分级设备相比，这种类型的分级机在单位时间内的处理量通常较小。因此，它多用于小单位装料前后的品质控制性分级处理，主要是将要分级的物料按质量分为合格和不合格两类。这种分级方法对于确保最终产品的质量和一致性至关重要，特别是在处理需要高精度分级的高端或专业产品时。

（三）按相对密度分级

1. 风选法

风选法的原理是通过控制空气流的速度和方向，使较轻的物料被空气流带走，较重的物料则因重力作用而留在筛选表面或收集区。

风选法不仅在分离效率上高效，在成本和环境影响方面也有优势。与其他分离技术相比，风选法通常需要较低的能耗，且不使用水或化学试剂，从而降低了对环境的影响。因此，这种方法被广泛应用于食品加工行业，尤其是在需要大规模处理原料的场合。例如，在谷物的清理和加工过程中，风选法被用来去除谷物中的杂草种子、破碎粒、秸秆碎片和其他轻质杂质，这些杂质在空气流中会被吹走，更重的谷物则留在筛选机内。这种方法也适用于豆类和其他种子作物的清理。通过去除轻质杂质，风选法提高了产品的纯度和质量，同时降低了后续加工步骤中的难度和成本。

影响风选法分离效果的因素有很多，主要包括以下几点。

（1）空气流速的设置。空气流的速度必须精确控制，以便有效地分离轻质和重质物料。如果空气流太强，可能会导致部分重质物料也被吹走，从而降低分离效率；如果空气流太弱，则无法有效地移除轻质杂质。因此，正确的空气流速设置对于风选法的成功至关重要。

（2）原料特性（如颗粒大小和形状）。在某些情况下，我们可能需要对原料进行预处理，如通过筛分来确保颗粒大小的一致性，从而提高风选法的分离效果。

（3）环境因素。湿度和温度变化可能影响物料的流动性和密度，进而影响分离效果。因此，在应用风选法时，我们需要考虑这些环境因素，并进行适当的调整。

2.浮选法

浮选法的原理是将原料投到水或其他液体介质中，不同密度的物料会表现出不同的浮沉行为。较轻的物料会浮到液体表面，较重的物料则沉到底部。通过控制液体的密度，我们可以调整分离过程，以达到理想的分级效果。某些情况下还需要添加特定的化学试剂来改变某些物料的表面特性，以促进分离效果。

在食品加工中，浮选法常用于果蔬的分选。例如，在加工苹果或梨时，我们可以利用水浴中的浮选法来分离好果和坏果，好果因密度较小而浮起，受损或病变的果实通常因密度较大而沉底。这种方法也适用于分离那些由于病害或虫害而使密度发生变化的谷物。

浮选法的优点在于它简单、有效且成本相对较低。与其他食品分离方法相比，浮选法不需要复杂的机械设备，而且对物料的损伤较小，尤其适合那些易碎或需保持完整性的食品。这种方法还具有较高的灵活性，可以通过调整液体密度或化学试剂的类型和浓度来适应不同物料的特性。然而，浮选法也有一些局限性。例如，它可能不适用于那些水分含量较高或容易吸水的物料，因为这些物料的浮沉性能可能会受到影响；这种方法需要充分考虑水资源的使用和管理，特别是在水资源紧张的地区；还需要考虑浮选过程中可能产生的废水处理问题，以及如何有效地回收和利用分离出来的物料。

在实际应用中，浮选法的成功依赖于对整个过程的精细控制，包括液体的温度、密度、流动性以及物料的加载量和处理时间。正确的控制和调整是确保高效分离的关键。

（四）按色泽分级

按色泽分级是依据食品原料的颜色差异来进行分离和分类，特别适用于那些颜色变化可以反映品质、成熟度或新鲜度的食品。随着科技的进步，按色泽分级已经从传统的人工视觉检查发展到使用高级的光学检测系统。光学检测系统中的光学传感器能够捕捉食品表面的光谱数据，并将这些数据与预设的颜色标准进行比较。根据颜色的差异，系统能够自动识别不同品质或成熟度的食品，并进行相应的分类。

按色泽分级的方法在果蔬的分选中尤为常见，如根据苹果或樱桃的颜色来判断其成熟度，从而进行有效的分级。按色泽分级也广泛应用于谷物、豆类和其他种子作物的加工中。在这些应用中，颜色的差异通常与食品的品质和加工适用性相关。例如，某些谷物的颜色变化可能表明霉变或其他质量问题，而按色泽分级能够有效地识别并分离出这些受影响的颗粒。

二、压榨

（一）压榨的原理

压榨的基本原理是施加外力，通过机械作用使原料中的固体和液体成分分离。在压榨过程中，原料被放置在压榨机的压榨腔内，随着压力的增加，固体物料中的液体成分被迫通过微小的孔隙挤出。

出汁率是压榨效果的主要衡量指标之一，其计算方法为

$$出汁率 = \frac{榨出的汁液量}{被压榨的物料量} \times 100\% \qquad (4-2)$$

影响压榨效果的因素众多，其中原料的预处理是一个关键因素。例如，在油脂提取中，原料的破碎、烘烤或调温会影响油脂的流动性和提取效率。破碎过程会使油脂细胞破裂；有利于油脂的释放；适当的加热可以增加油脂的流动性，降低黏度，从而提高压榨效率。原料的含水量也是一个重要因素，不同的原料对水分的要求各不相同，适当的水分调整可以优化压榨效果。压榨过程中使用的压力和时间同样影响着最终的分离效果。过高的压力虽然可以增加液体的产量，但可能会导致过多的

固体杂质混入，影响产品质量；压榨时间的长短则直接影响液体的提取率和能耗。因此，为了达到理想的压榨效果，我们需要根据原料特性和最终产品要求精心调节压榨机的操作参数。

（二）压榨操作的基本方法

压榨操作的基本方法主要有三种。

第一种基本方法是利用两个平面进行压榨，其中一个平面固定，另一个在施加压力下移动。物料通常在压榨前进行预成型或用滤布包裹，然后置于这两个平面之间。这种方法的优势在于它可以在一次处理过程中使用一组垂直排列的压榨单元，这些单元叠加在一起并共用一个排液设备。这种设置提高了处理效率，尤其适用于那些需要高压力提取液体的场合。水力加压系统是非常方便的选择，因为它可以提供高压力和较大的操作灵活性。此方法适用于需要较高压力以提取最大量液体的原料，如某些油料作物。

第二种方法是利用一个多孔的圆筒和逐渐减小螺距的旋转螺旋面之间的空间来进行压榨。这种方法主要依靠机械力，机械力通常由原动机提供。圆筒表面沿全长适当钻孔，以便液体能够连续排出。螺距逐渐减小的设计可使物料被压缩并进入体积逐渐缩小的空间，从而实现更高效的液体提取。这种连续化的操作方式适合于大批量处理，在工业规模的果汁或植物油提取过程中比较常见。

第三种压榨方法是利用旋转辊子之间的空间进行压榨。在这种方法中，辊子表面通常刻有沟槽以适应不同的物料和压榨需求。辊子之间的空间可以调整，以适应不同厚度的原料。这种方法的特点是可以同时排出液体和固体，从而提高了分离的效率和质量。辊式压榨机在处理某些类型的物料时特别有效，如用于压榨水果、蔬菜或其他含水量高的物料。

（三）压榨设备

压榨设备根据操作方式可分为间歇式和连续式两大类，每种设备都有其特定的应用和优势。

1.间歇式压榨设备

间歇式压榨设备的操作是非连续的，意味着每次压榨过程都是单独进行的。在每次操作中，原料被放置在压榨设备中，经过一定时间的压榨后，再将残渣移除，然后开始下一批次的处理。这种方式在小批量生产或特殊产品的加工中非常有效，因为它允许对每个压榨周期进行精确控制，从而优化产品质量。

常见的间歇式压榨设备如下。

（1）螺旋压榨机。该设备可用于油料种子的油脂提取，它通过手动或机械方式施加压力，将油料种子压榨以提取油脂。

（2）手动压榨机。该设备经常在小规模的果汁或葡萄酒生产中使用，操作员可以通过手动方式控制压榨力度和时间。

（3）液压压榨机。该设备适用于需要高压力提取的场合，如某些高含油量种子的油脂提取。

间歇式压榨设备适合于需要特殊处理或高度定制的加工过程，尤其适用于那些对压榨条件有特殊要求的产品。

2.连续式压榨设备

与间歇式相反，连续式压榨设备在整个生产过程中不断运行，原料连续不断地被送入设备中进行压榨。这种类型的设备适用于大规模生产，因为它可以提高生产效率并降低劳动强度。

食品加工中常用的连续式压榨设备有离心分离器和带式压榨机。离心分离器经常在果汁和乳制品行业中使用，可以连续地分离液体和固体。带式压榨机用于处理大量的果蔬或其他含水物料，如番茄酱或果泥的生产。

连续式压榨设备具有较高的生产效率和较低的人工成本，成为大规模工业生产的理想选择。

第三节　食品的物理分离

食品的物理分离是利用各种食品物质中物理性质的差异而进行分离的方法。[①]由于物理性质项目繁多，故分离方法也多种多样。本节主要介绍两种物理分离方法：离心、浸提。

一、离心

离心分离是食品加工中一种重要的物理分离方法，它利用离心力将混合物中的不同密度组分分离出来。实现离心分离的专用设备为离心机。

（一）离心分离的原理

当混合物被置于高速旋转的离心机中时，不同密度的组分受到的离心力也不同，密度较大的组分（如固体颗粒、细胞碎片等）会被迫向离心机的外围移动，密度较小的组分（如清液）则靠近离心机的中心。通过控制离心机的转速和操作时间，我们可以有效地分离出不同密度的组分，从而实现物质的分离和纯化。

（二）离心机的类型与选择

在食品加工行业中，离心机是实现有效分离的关键设备。根据具体的应用需求和物料特性，选择合适的离心设备类型至关重要。

1. 管式离心机

管式离心机特别适合处理高固体含量的悬浮液。这类设备的设计使管式离心机能够有效处理含有大量固体颗粒的物料。在管式离心机中，物料被加到一个高速旋转的圆筒内，由于高速旋转，固体颗粒被迅速抛

---

① 孙君社．现代食品加工学[M]．北京：中国农业出版社，2001：74．

向圆筒的外壁，较轻的液体则靠近内壁。这种设备的主要优势在于其高效的固体－液体分离能力，特别适用于那些固体含量高、颗粒较重的悬浮液，如某些类型的污水处理或沉淀物的分离。在选择管式离心机时，我们应考虑物料的黏度、固体含量和颗粒大小，以确保设备能够高效运行。

2. 盘式离心机

盘式离心机更适用于处理低固体含量、高流动性的液体。这类设备内部配有一系列盘状分隔器，增加了分离表面积，从而提高分离效率。在盘式离心机中，物料通过盘片间隙进入，较重的固体颗粒在离心力作用下沉积在盘片上，较轻的液体则向上移动。这种离心机特别适合于乳品分离、果汁澄清和啤酒生产等领域。选择盘式离心机时，我们应考虑物料的流动性、固液比例以及所需的处理量和分离精度。

3. 分离器

分离器是一种多功能的离心分离设备，可用于多种不同的分离需求。它通常配有精细调节机制，可以根据不同的应用需求调整分离参数，这使分离器能够处理各种不同的物料，包括易变质的液体、含油液体和含有微小颗粒的悬浮液等。分离器的设计允许快速且高效地进行固液分离，特别适合那些对分离效率和产品质量有严格要求的应用场景。选择分离器时，除了考虑物料的特性和处理量，我们还应考虑设备的可调节性和操作的灵活性。

二、浸提

浸提是一种在食品加工中广泛使用的物理分离技术，主要用于从固体原料中提取某些成分。这个过程涉及将固体原料浸泡在一种溶剂中，使目标成分从固体中溶解到液体溶剂中，从而实现分离和提取。

（一）浸提速度

浸提速度是指在浸提过程中溶质从固体物料转移到溶剂中的速率。

浸提速度决定了浸提过程的效率，影响着整个提取过程的持续时间和最终产物的质量。控制浸提速度对于优化浸提过程、节约成本、提高产量和保证产品质量至关重要。

影响浸提速度的因素主要包括以下几个方面。

1. 可浸提物质的含量

物料中可浸提物质的含量是决定浸提速度的关键因素。含量越高，浸提的推动力就越大，浸提速度也就越快。在浸提过程中，溶剂与固体物料接触，溶质从固体中溶解到溶剂中。当物料中可浸提物质含量较高时，溶剂中的浸出物浓度较低，从而产生较大的浓度梯度，这加速了溶质的扩散过程。

2. 原料的形状和大小

在浸提过程中，溶剂需要穿透原料，与原料中的可浸提物质接触并将其溶解。原料的形状和大小决定了溶剂渗透的难易程度和效率。较小或较薄的原料颗粒具有更大的表面积与体积比，这意味着溶剂可以更快地渗透并与更多的可浸提物质接触。例如，细粉状或薄片状的原料比大块状或整粒的原料更容易实现快速有效的浸提，因为溶剂更易渗透至物料内部。较小的粒度也意味着更短的溶质扩散路径，从而加速了整个浸提过程。然而，过度粉碎原料可能会导致处理困难，如过滤困难和残渣处理问题。因此，在优化浸提效率的同时，我们需要考虑原料处理的可行性和成本效益。

3. 温度

在浸提过程中，提高温度通常会加快溶质的溶解速度，这是因为温度的升高可以增加溶剂的溶解能力并降低其黏度。较高的温度会使溶剂分子更加活跃，从而加速了溶剂与固体物料之间的相互作用，提高了溶质的扩散速率。温度的升高还可以改善某些物质的溶解度，使更多的溶质可以被溶解。然而，温度的提高也有可能带来一些负面影响。在处理热敏感物质时，我们过高的温度可能会导致目标成分的热分解或性质改变，从而影响最终产品的质量。因此，在设计和优化浸提过程时，我们需要根据具体的物料特性和产品要求来确定适宜的操作温度，以达到最佳的浸提效果。

4.溶剂

溶剂的选择对浸提速度有着决定性的影响。理想的溶剂应该具有对目标溶质良好的溶解能力，同时尽可能不溶解其他不需要的成分。溶剂的极性、沸点和安全性是选择溶剂时需要考虑的主要因素。极性溶剂通常用于提取极性化合物，而非极性溶剂更适合提取非极性化合物，如油脂。溶剂的沸点决定了溶剂从提取物中回收的难易程度，低沸点溶剂通常更易于回收。溶剂的安全性也非常重要，尤其是在食品加工中，我们需要选择对人体和环境无害的溶剂。溶剂的选择直接影响浸提效率和产品质量，因此在进行浸提操作时，我们必须根据具体的提取目标和条件仔细选择合适的溶剂。

（二）浸提流程与设备

1.浸提流程

浸提流程分为两类：级式流程和连续流程。级式流程分为单级和多级浸提，而多级浸提又分为平流和逆流两种。连续流程也叫连续微分逆流浸提。下面简述这几种浸提流程。

（1）单级浸提。单级浸提是最基本的浸提流程，是指将原料一次性放入溶剂中进行浸提。在这个过程中，整批原料与溶剂充分接触，溶质从原料中溶解到溶剂中。单级浸提通常用于批量操作，适合小规模生产或实验室级别的应用。虽然操作简单，但其效率不如多级浸提，尤其是在处理大量原料时。在单级浸提中，溶剂的饱和程度逐渐增加，导致浸提效率随时间降低。

（2）多级平流浸提。多级平流浸提是将原料分批放入多个浸提单元，每个单元中的溶剂与一批原料接触后，再移至下一个单元与新的原料接触。这种方法允许溶剂在每个阶段都能与未饱和的原料接触，提高了浸提效率。平流浸提适用于原料成分相对均匀且需要阶段性提取的情况。这种方法的缺点是每个级别的浸提效率可能不一致，且需要更多的溶剂管理和控制。

（3）多级逆流浸提。在多级逆流浸提中，原料和溶剂在不同的级别上逆向流动。新鲜溶剂首先与已经部分浸提的原料接触，在经过几个浸提级别后，最终与未处理的原料接触。这种逆流配置使溶剂能够更有效地利用，因为新鲜溶剂总是与最少溶质的原料接触。逆流浸提特别适用于大规模工业生产，可以大大提高浸提效率和溶剂的使用效率。

（4）连续微分逆流浸提。连续微分逆流浸提是一种更高效的浸提流程，特别适用于大批量连续生产。在这个过程中，原料和溶剂在整个系统中连续流动，二者在逆向流动的同时进行接触和分离。这种方法最大化了溶剂的使用效率，并能持续提供高质量的提取物。连续微分逆流浸提在食品工业中非常重要，尤其是在需要高效率和大规模生产的场合。

2.浸提设备

在食品工业中，浸提设备的选择直接影响浸提过程的效率和效果。考虑到固体浸提物料通常粒径较大且富含纤维成分，常用的浸提设备包括单级浸提罐、多级固定床浸提器和连续移动床浸提器。

（1）单级浸提罐。单级浸提罐是最简单的浸提设备，适用于小批量和实验室规模的浸提。在这种设备中，整批原料被放入一个容器中，并用足够的溶剂浸没。单级浸提罐通常配备搅拌装置来保证溶剂与固体物料的充分接触，从而提高浸提效率。罐体设计方便加热或冷却，以适应不同的浸提要求。单级浸提罐的主要缺点是难以实现连续生产，且浸提效率相对较低，因为溶剂饱和度会随时间增加，导致浸提速度下降。

（2）多级固定床浸提器。多级固定床浸提器适用于中等规模的生产，特别是当原料需要分阶段浸提时。在这种设备中，原料被固定在几个分开的床层中，溶剂依次通过每个床层。这样的设计可以使溶剂在接触每个床层时都保持较低的饱和度，从而提高浸提效率。多级固定床浸提器可以采用平流或逆流方式运行，能够满足多种不同的浸提要求。这种设备的优势在于它能够更均匀地处理原料，同时保持较高的浸提效率和溶剂利用率。

（3）连续移动床浸提器。连续移动床浸提器是大规模工业生产中常用的设备，特别适用于需要连续处理大量原料的场合。在这种设备中，原料在一个或多个连续流动的床层中移动，与溶剂进行接触。溶剂可以逆流或顺流地与原料接触，确保最大程度的提取效率。连续移动床浸提器的主要优点是高效率和大处理量，非常适合大批量的标准化生产。这种设备的连续操作模式降低了劳动强度，提高了生产效率。

第四节 食品的化学分离

食品的化学分离通过添加化学药品或改变条件参数等方法，使食品的混合物料中一些物质发生化学变化而达到分离的目的。本节主要介绍沉淀分离和超临界萃取分离技术。

一、沉淀分离

沉淀分离是在溶液中加入溶剂或沉淀剂，通过化学反应或改变溶液的 pH、温度等条件，使分离物以固相物质形式沉淀析出的一种方法。沉淀分离的目的在于通过沉淀使目标产物浓缩和去杂质，或者是将已纯化的产品由液态变成固态。在应用沉淀分离技术时，我们需要考虑以下几个关键因素：第一，沉淀应具有一定的选择性，这样才能使目标产物得到较好分离；第二，对于一些活性物质（如酶、蛋白质等）的沉淀分离，必须考虑沉淀方法是否会破坏目标成分的活性和化学结构；第三，对于食品及医药中目标成分的沉淀分离，必须充分估计残留物对人体的危害。常用的沉淀分离方法有溶剂沉淀、盐析沉淀、变性沉淀等。

（一）溶剂沉淀

溶剂沉淀是一种用于分离有机化合物（如蛋白质、酶、多糖、核酸等）的方法，它是在水溶液中添加有机溶剂（如乙醇、丙酮等）来显著降低待分离物质的溶解度，从而使待分离物质沉淀析出。这种方法的原理基于两个主要方面：第一，有机溶剂增加了待分离物质的化学势，使待分离物质的溶解度下降；第二，有机溶剂的加入降低了溶液的介电常数，增强了蛋白质、酶或核酸等带电粒子间的相互作用，促使它们通过相互吸引聚合并最终沉淀。溶剂沉淀具有良好的选择性和高分辨率，这是因为一种有机物通常只能在特定、狭窄的溶剂浓度范围内沉淀。该方法使用的溶剂也易于去除和回收。这种方法的缺点是容易导致蛋白质变性，因此需要仔细控制操作条件，以保持待分离物质的稳定性和活性。

影响溶剂沉淀的主要条件有以下几种。

1.溶剂的选择及添加量

不同的溶剂对溶质的溶解度影响巨大，因此选择合适的溶剂能有效控制待分离物质的沉淀过程。一般而言，溶剂应具有低毒性、低蒸发点和对目标物质的良好选择性。常用的有机溶剂包括乙醇、丙酮等。

溶剂添加量的控制同样重要，过多或过少都可能影响沉淀效果。适当的溶剂添加量不仅可以促进有效物质的沉淀，还有助于保持样品的稳定性，防止变性。

2.样品浓度

过高的浓度可能导致沉淀过程中出现非特异性聚集，从而影响沉淀的纯度和产率；而过低的浓度可能导致沉淀效率不足，使部分目标物质未能有效沉淀。因此，调整样品至适宜的浓度是实现高效沉淀的关键。通常，实验前需要通过稀释或浓缩样品来达到最佳浓度。

3.温度的调节

温度的升高或降低都会改变溶质的溶解度，进而影响沉淀效果。低温通常有助于提高沉淀效率，也有利于保持生物大分子的结构稳定性。

然而，过低的温度可能导致样品的非特异性沉淀，因此需要仔细控制沉淀过程中的温度。

4.pH 的调节

不同的物质在不同的 pH 下有不同的溶解度和稳定性。调整 pH 可以改变待分离物质的电荷状态，从而影响沉淀行为。例如，蛋白质在其等电点附近容易沉淀，因为此时蛋白质表面的净电荷为零。因此，适当调整 pH 可以提高特定物质的沉淀效率和纯度。

5.金属离子的助沉淀作用

某些金属离子能够促进特定物质的沉淀。例如，钙离子可以促进某些蛋白质或多糖的沉淀。金属离子通过与目标物质相互作用，可改变目标物质的溶解度或稳定其结构，从而促进沉淀。使用金属离子作为助沉淀剂时，我们需要考虑金属离子的浓度和与目标物质的相容性。

6.离子强度的调节

溶液中的离子强度对沉淀过程也起着重要作用。离子强度的增加通常会减小蛋白质等大分子之间的静电排斥，从而促进大分子的聚集和沉淀。调节离子强度可以通过添加盐类来实现。适当的离子强度有助于提高沉淀的效率和选择性，但过高的离子强度可能导致非特异性相互作用，影响沉淀的纯度。

（二）盐析沉淀

1.盐析沉淀的原理

盐析沉淀是一种基于盐效应原理的蛋白质纯化方法，主要用于分离和提纯蛋白质。当高浓度的盐（如硫酸铵、氯化钠等）被添加到蛋白质溶液中时，盐离子与水分子之间的相互作用增强，从而减少了水分子与蛋白质表面的相互作用。这会使蛋白质分子间的水合层减少，增强了蛋白质分子间的吸引力，使蛋白质聚集并最终沉淀。通过控制盐的浓度，我们可以选择性地沉淀特定的蛋白质，因为不同的蛋白质会在不同的盐浓度下沉淀。盐析沉淀简单、高效，且易于操作，是食品分离常用的一种技术。

2.盐析沉淀条件的选择

（1）中性盐的合理选择。中性盐的种类和浓度直接影响蛋白质的沉淀效率和选择性。常用的中性盐包括硫酸铵、氯化钠、硝酸钠等。硫酸铵由于其高溶解度和对多种蛋白质的有效沉淀作用，被广泛应用于盐析沉淀中。选择合适的盐时，我们需要考虑盐对目标蛋白质的影响，包括溶解度、电荷状态以及可能的变性作用。不同蛋白质对不同盐的敏感性不同，因此选择最合适的盐对于提高特异性沉淀和保持蛋白质活性至关重要。所选盐应易于从最终产物中去除，以减少对后续步骤的影响。

（2）最佳盐析条件的确定。确定最佳的盐析条件需要考虑多个因素，包括盐浓度、温度、pH 以及沉淀时间。确定盐浓度的关键在于找到可以特异性沉淀目标蛋白质而不引起其他组分沉淀的浓度，这通常通过逐步增加盐浓度并监测沉淀情况来实现。温度对蛋白质的溶解度和稳定性有重要影响，适宜的温度有助于提高沉淀效率并保持蛋白质的活性。pH 的调节也是至关重要的，因为 pH 会影响蛋白质的电荷状态和溶解度，因此我们需要选择最适合目标蛋白质的 pH。合适的沉淀时间可以确保充分沉淀，同时避免过度沉淀或变性。这些条件可以通过实验进行优化，以达到最佳的沉淀效果。

（三）变性沉淀

变性沉淀是生物大分子在变性后溶解度降低而从溶液中沉淀析出的沉淀方法。变性后蛋白质能恢复原来结构与功能的过程称为可逆变性，反之称为不可逆变性。显然，若沉淀物为目标产物，则选用可逆变性沉淀；若沉淀物不是目标产物，则可选用不可逆变性沉淀。变性沉淀主要有以下几种类型。

1.热变性沉淀

热变性沉淀是一种通过加热来诱导蛋白质变性并沉淀的方法。不同蛋白质对温度的敏感性各不相同，因此我们可以利用这一特性来分离和纯化特定的蛋白质。在加热过程中，蛋白质的三维结构发生变化，使溶解度降低并最终沉淀。这种方法通常会使蛋白质发生不可逆变性，特别是对于酶类蛋白质，加热可能会使其活性降低甚至完全丧失。因此，在使用热变性沉淀时，我们需要权衡其对蛋白质结构和功能的影响。这种方法适用于那些不需要保持其原始结构和功能的蛋白质，如某些工业用途的蛋白质分离。

2.pH 变性沉淀

pH 变性沉淀是通过改变溶液的 pH 来诱导蛋白质变性并沉淀的方法。大多数蛋白质在 pH 为 5～9 的范围内比较稳定，而在此范围之外，尤其是在极端酸性或碱性条件下，蛋白质容易发生变性。酸和碱的添加改变了蛋白质分子的电荷状态和三维结构，使其溶解度发生变化。在温和的 pH 条件下，蛋白质的变性通常是可逆的，在强酸或强碱条件下则可能是不可逆的。因此，通过精确控制 pH，我们可以实现特定蛋白质的有效分离和纯化，同时在可能的情况下保持蛋白质的活性和功能。

3.有机溶剂诱导的变性沉淀

除了热和 pH 变性沉淀，还有一类是通过添加有机溶剂来实现蛋白质分离和纯化的变性沉淀。有机溶剂（如甲醇、乙醇、甘油、甲酰胺等）通过破坏蛋白质分子内的氢键和疏水键等非共价相互作用，诱导蛋白质结构发生变化。这种结构的变化降低了蛋白质的溶解度，使其沉淀。有机溶剂诱导的变性沉淀在特定条件下可能是可逆的，但在很多情况下会产生不可逆的蛋白质变性。使用此类方法时，选择合适的溶剂并控制适宜的浓度对于实现高效的蛋白质分离和保持其活性至关重要。

二、超临界萃取分离技术

（一）超临界流体的萃取原理

超临界流体萃取是一种利用超临界流体作为溶剂的分离技术，主要用于从固体或液体基质中提取目标化合物。超临界流体指的是在其临界温度和临界压力以上的物质状态，在这种状态下，物质表现出既像液体又像气体的性质。最常用的超临界流体是二氧化碳，具有非极性、无毒、无腐蚀性以及易获取等优点。在超临界状态下，流体具有比气体更高的密度，使其溶解能力增强，同时保持了气体的低黏度和高扩散性，有助于渗透固体基质并快速提取其中的化合物。超临界流体的溶解能力可以通过调节温度和压力来精确控制，使其能够针对特定的化合物进行有效提取。

（二）超临界流体萃取系统

1.超临界流体萃取系统的组成

超临界流体萃取系统根据原料性质、操作条件和使用的超临界流体溶剂的特性而有所不同。这些系统一般包括以下几个主要组成部分。

（1）溶剂压缩机（高压泵）。溶剂压缩机是超临界流体萃取系统的核心部分，负责将流体（如二氧化碳）压缩至超临界状态。溶剂压缩机需要能够产生足够的压力，以确保流体达到其临界点以上的压力和温度。溶剂压缩机的设计和选择取决于所需达到的压力和流体的物理特性。

（2）萃取器。萃取器是放置原料并进行萃取操作的地方。在此，超临界流体与原料接触并溶解出目标化合物。萃取器的设计需要考虑原料的性质、萃取效率和安全性，它通常需要能够承受高压并允许温度和压力的精确控制。

（3）温度和压力控制系统。温度和压力控制系统对于维持超临界流体的状态和优化萃取效率至关重要。温度控制是通过加热或冷却系统实现的，它能够确保萃取过程在最佳温度下进行。压力控制通常使用阀门和背压调节器来调节系统内部的压力。

（4）分离器和吸收器。在分离器中，经过萃取的流体在温度或压力的变化下释放所溶解的化合物，这些化合物随后可以在分离器中收集。吸收器则用于从萃取液中吸收溶剂，通常使用活性炭等吸附材料。

除了这些主要组件，超临界流体萃取系统还包括辅助泵、阀门、流量计、热量回收器等辅助设备。这些设备的配置和选择取决于具体的萃取需求和操作条件。

2.超临界流体萃取系统的工作方式

（1）温度控制方式。超临界流体萃取系统的温度控制可通过精确调节温度来实现最佳的萃取和分离效果。在这种方式下，萃取通常在目标溶质在超临界流体中具有最大溶解度的温度条件下进行。这是因为温度直接影响着超临界流体的密度和溶解能力，从而影响萃取效率。萃取完成后，热交换器会降低萃取液的温度，使溶质在超临界相中的溶解度降至最低。这样，目标溶质便可在分离器中析出并收集，溶剂则可以经过再次压缩后重新循环使用。温度控制方式允许对萃取过程进行精细调节，特别适合温度敏感性物质的提取。

（2）压力控制方式。压力控制通过调节系统内的压力来控制萃取过程。在这种方式下，超临界流体在高压下与原料接触，溶解目标溶质。随后，减压阀对富含溶质的萃取液降压，使溶质从超临界流体中析出。此时，溶质可在分离器中被分离并收集。压力控制方式适用于那些在不同压力下有显著溶解度变化的溶质。调节压力不仅影响溶质的溶解度，还可以改变超临界流体的密度和流动性，从而影响萃取效率和速度。

（3）吸附方式。吸附方式涉及在定压绝热条件下进行萃取，然后使用适当的吸附材料（如活性炭）来吸收萃取液中的溶剂。在这个过程中，超临界流体在萃取器中与原料接触，溶解出目标溶质。然后，萃取液流经过含有吸附材料的区域，溶剂被吸附材料吸收，溶质则得以从流体中分离出来。这种方法特别适用于那些需要从萃取液中去除或回收溶剂的应用场景，如在食品或药品提取中去除残留的有机溶剂。吸附方式的效率依赖于吸附材料的选择和萃取条件的优化。

（三）超临界流体萃取的操作特性

1.高效率和选择性

超临界流体（尤其是超临界二氧化碳）具有介于液体和气体之间的独特物理性质（如低黏度和高扩散率），这使超临界流体能迅速穿透固体基质并有效溶解目标化合物。这种溶解能力可以通过调节操作条件（如温度和压力）来精确控制，从而实现对特定化合物的选择性提取。例如，通过改变温度和压力，我们可以调节萃取的极性，针对特定的化合物进行优化提取。

2.环境友好和安全性

超临界流体萃取是一种环境友好的技术，尤其是当使用二氧化碳作为萃取溶剂时，由于二氧化碳的无毒、无燃性和无腐蚀性特点，整个萃取过程对环境和操作人员都更为安全。二氧化碳是一种常见的副产品，易于获取且价格低廉。在萃取过程结束后，二氧化碳可以被回收再利用，减少了环境污染。与传统的使用有机溶剂的萃取方法相比，超临界流体萃取分离技术大大减少了有机溶剂的使用和排放，符合当前的绿色化学和可持续发展要求。

3.操作灵活性和可控性

超临界流体萃取设备通常具有良好的操作灵活性和可控性。操作条件（如压力、温度和流速）的调节可以针对不同的应用进行优化，从而实现对目标化合物萃取效率和纯度的精确控制。例如，热敏感物质可以在较低的温度下进行萃取，以避免热分解或变性。连续或批量操作模式的选择提供了进一步的灵活性，使超临界流体萃取分离技术可以应用于从实验室规模到工业规模的各种不同场景。这种高度的可控性使超临界流体萃取成为一种多功能且高效的分离技术。

（四）超临界流体萃取分离技术在食品加工中的应用

1.超临界流体萃取技术用于动植物油的萃取分离

在动植物油的萃取分离中，超临界流体萃取技术主要使用二氧化碳作为萃取溶剂。超临界二氧化碳具有极佳的溶解能力，能够有效溶解油脂中的脂肪酸、甘油三酯和其他油脂组分。萃取过程首先将原料（如种子或果实等）置于萃取器中，然后引入超临界状态的二氧化碳。由于其低黏度和高扩散性，超临界二氧化碳能迅速穿透原料，溶解其中的油脂。随后，通过调节系统的压力和温度，萃取出的油脂可从超临界流体中分离出来。超临界流体萃取过程由于避免了高温和化学溶剂的使用，因此能够保持油脂的天然品质，防止营养成分的破坏和氧化，同时避免了有害溶剂残留的问题。这种方法特别适用于高附加值的精细油脂的提取，如葡萄籽油、亚麻籽油等。

2.超临界流体萃取技术用于食品香辛料的萃取

在食品香辛料的萃取中，超临界流体萃取技术同样展现了其独特优势。食品香辛料的萃取主要是为了提取香辛料中的挥发性和非挥发性香气成分，如精油和其他有机化合物。使用超临界二氧化碳作为溶剂可以在相对较低的温度下进行萃取，从而避免热敏感香气成分的热分解或氧化。萃取过程首先将香辛料原料置于萃取器内，然后注入超临界二氧化碳。由于其优异的溶解能力，超临界二氧化碳能够有效地从原料中提取香气成分。通过调节操作条件（如温度和压力），该方法可以实现对不同香气成分的选择性提取，如提高压力可以提取更多的非挥发性成分。这种方法能够保留香辛料的天然香气和味道，同时避免化学溶剂残留，因此在高品质食品添加剂的生产中尤为重要。

3.超临界流体萃取技术用于食用色素的萃取分离

食用色素（如胡萝卜素、叶绿素等）通常存在于植物细胞中，传统的萃取方法可能涉及高温或有机溶剂，这会破坏色素的天然结构和品质。超临界二氧化碳萃取可以在较低的温度下进行操作，从而保持色素的天然属性和稳定性。在萃取过程中，超临界二氧化碳在高压下注入含有色素的原料中，由于其优异的溶解能力，超临界二氧化碳能有效地提取色素成分。随后，通过调节系统的温度和压力，色素可从超临界流体中析出并在分离器中收集。这种方法不仅提高了萃取效率，还减少了对环境的影响，因为它避免了有机溶剂的使用。

4. 超临界流体萃取技术用于脱咖啡因

在脱咖啡因的过程中，超临界流体萃取技术同样显示出其优越性。此过程主要使用超临界二氧化碳作为萃取溶剂，目的是从咖啡豆中有效地去除咖啡因，同时保留其余风味成分。萃取过程首先将咖啡豆置于萃取器内，然后以超临界状态的二氧化碳进行萃取。超临界二氧化碳能够穿透咖啡豆，溶解其中的咖啡因。超临界二氧化碳对咖啡因具有较高的选择性，它能有效地提取咖啡因而不显著影响其他风味成分。通过控制萃取条件（如温度和压力），我们可以优化咖啡因的萃取效率。这种方法的优势在于脱咖啡因过程中不使用有机溶剂，因此更安全、更环保。超临界萃取可以实现较高的咖啡因去除率，同时保持咖啡的原始风味和品质，这在生产高品质无咖啡因咖啡产品中尤为重要。

第五章　食品浓缩与结晶技术

第一节　蒸发浓缩技术

一、蒸发浓缩的基本原理

蒸发浓缩技术是一种基于溶剂与溶质挥发度差异的分离过程，广泛应用于食品加工领域。蒸发浓缩需要达到特定的气液平衡条件，以实现溶剂的分离和溶质的浓缩。蒸发浓缩过程通过加热方式使挥发性较强的溶剂（通常为水）汽化，挥发性较低的溶质则保持为液态，从而达到增浓目的。

汽化是一个热动力学过程，在这个过程中，溶剂分子在受热后获得足够的动能，克服分子间的吸引力而从溶液表面逸出成为蒸气。为了持续进行汽化过程，我们必须不断向溶液提供热能，并且持续排出生成的蒸气。如果汽化产生的蒸气未被有效排出，气相与液相之间会逐渐达到水分化学势的平衡，导致汽化过程减弱甚至停止。

工业蒸发浓缩过程通常在沸腾状态下进行，以缩短生产时间并提高效率。在蒸发器内，饱和蒸汽作为主要热源，其热量可使溶液沸腾并汽化。为了实现理想的蒸发浓缩效果，过程中需要保证几个关键因素：第一，应有足够高的传热速率，以保持物料的沸腾状态；第二，蒸发系统应具备一定的真空度，使物料能在较低温度下沸腾，这对于热敏感物质的处理尤为重要；第三，有效的气液分离机制是确保浓缩效率的关键，需要分离出的蒸气和浓缩后的溶液；第四，对热能的回收利用对于提高热能效率和节约能源至关重要。

二、食品物料蒸发浓缩的特点

食品物料蒸发浓缩的特点主要体现在以下几方面，如图 5-1 所示。

图 5-1 食品物料蒸发浓缩的特点

（一）物料的热敏感性

许多食品物料具有热敏感性，这意味着它们在高温下容易发生化学或物理变化，可能导致营养成分损失、风味改变或色泽变化。蒸发浓缩过程特别需要注意控制操作温度，以防止热敏感成分的损坏。为此，我们常采用较低的蒸发温度或真空条件以降低沸点。例如，在浓缩果汁或乳制品时，过高的温度可能会破坏维生素、酶和蛋白质等敏感成分，因此蒸发系统的设计和操作需确保足够的温度控制，同时实现有效的蒸发和浓缩。为了保持物料的品质和功能特性，我们也可采用将物料短时间暴露于高温的瞬时蒸发技术。

（二）物料的腐蚀性

食品物料的腐蚀性是指其对蒸发装置材料的腐蚀性质，这会影响设备的耐用性和安全性，某些食品物料（如含有较高浓度酸的物料）还可能对金属材料有腐蚀作用。因此，在设计和选择蒸发设备时，我们必须考虑物料的化学特性。使用耐腐蚀材料（如不锈钢或特殊涂层的设备）可以减少维护成本并延长设备使用寿命，适当的设备设计也可以减少物料与设备的接触面积，进一步降低腐蚀风险。

（三）物料的黏稠性

食品物料的黏稠性对蒸发浓缩过程同样具有重要影响。随着蒸发过程的进行，物料的浓度增加，其黏度通常也随之增加。高黏度物料可能导致传热效率降低、混合不均匀和管道堵塞等问题。因此，蒸发系统需要针对物料的黏稠特性进行设计，以保证充分的传热和有效的流动。例如，采用搅拌器、循环泵和特殊设计的传热面可以改善黏稠物料的热传递和流动性；控制操作条件（如温度和浓缩速率）也是防止过度黏稠和确保蒸发效率的关键。黏稠性物料的处理在食品工业中尤为常见，如浓缩果酱、糖浆和酱料等。

（四）物料的结垢性

食品物料在蒸发浓缩过程中容易在传热面产生结垢现象，尤其是那些含有蛋白质、糖和果胶等成分的物料。这些物质在受热时容易发生变性、结块或焦化，特别是在传热面附近，由于温度较高，更易形成如蛋白质变性、焦糖化等反应的污垢。这些污垢会阻碍物料与传热壁的直接接触，从而降低传热效率。为了减少结垢的形成，实际生产中可以通过提高物料流速来实现，高流速的物料具有一定的冲刷作用，能够有效减少结垢的概率。针对易结垢的物料，我们需要制订相应的清理计划，定期进行结垢清理，以保持蒸发器的传热效率并延长其使用寿命。

（五）物料的泡沫性

在蒸发浓缩过程中，某些食品物料（特别是在真空条件下或液层静压较高的物料）容易产生大量比较稳定的泡沫，这些泡沫可能会干扰正常的蒸发过程，导致操作困难和效率降低。为了控制泡沫的形成，我们可以通过添加表面活性剂来降低界面张力，也可以采用机械装置（如消泡器）来消除泡沫。泡沫的控制对于保持蒸发过程的平稳运行和提高浓缩效率是至关重要的，尤其是在处理那些容易产生泡沫的高蛋白或高糖分物料时。

（六）物料的易挥发性

许多液体食品中含有的芳香物质和风味物质具有较强的挥发性。在蒸发浓缩过程中，这些挥发性成分可能随着蒸汽一起逸出，从而影响浓缩制品的品质。为了解决这一问题，我们可以采取回收措施，将逸出的挥发性成分收集后再溶入浓缩后的产品中。这种措施不仅有助于保持食品的原始风味和香气，还能提高整个生产过程的经济效益。因此，在设计蒸发浓缩系统时，我们应考虑易挥发成分的回收和再利用，特别是在处理香料、果汁和其他风味敏感性产品时。

三、蒸发器的组成、类型及选择

（一）蒸发器的组成

蒸发器是蒸发浓缩过程中的关键设备，它的主要功能是从食品物料中除去溶剂（通常是水）以提高溶质浓度。蒸发器一般由两个主要部分组成：加热室和分离室。

1.加热室

加热室是蒸发器中用于加热待浓缩食品物料的部分，它的设计类型多样，包括夹套式加热室、蛇管式加热室、卧式短管加热室和竖式短管加热室等。不同类型的加热室需根据物料的特性和蒸发过程的需求进行选择。在加热室中，食品物料被加热至设定的温度，使溶剂汽化。为了增强传热效率，我们通常在加热室中采用强制循环。强制循环有助于均匀加热物料，减少热点，防止物料在加热过程中发生热损伤。

2.分离室

分离室的主要功能是将加热后产生的二次蒸汽与浓缩液分离。在这个过程中，被加热的物料中的液体沸腾形成气泡。这些气泡在到达液面时破裂，生成大量小雾沫。分离室的设计使这些夹带在二次蒸汽中的雾沫能够降低流速并返回到被浓缩的物料中。这样的设计确保了蒸发过程的高效性和产品质量的稳定性。分离室可以与加热室连成一体，也可以单独分开设计，具体取决于蒸发过程的要求。分离出的二次蒸汽通常可以被重新利用（如用于下一次蒸发或者用于其他热能回收），从而提高能源利用效率。

（二）蒸发器的类型

1.标准式蒸发器

标准式蒸发器是食品加工和其他工业领域中常用的一种蒸发设备，主要用于浓缩液体物料，如果汁、奶制品、化工原料等。这种蒸发器的核心设计理念是在保证效率的同时尽量简化设备的结构和操作。

在标准式蒸发器中，物料通常在一个大型的加热容器内进行加热。加热源可以是蒸汽或热水，这些热流体通过蒸发器内的加热管或夹套传递热量。物料在加热过程中，其中的溶剂（通常是水）会被蒸发掉，从而使溶质浓度增加。标准式蒸发器可以采用直接或间接加热的方式。在直接加热系统中，蒸汽直接与物料接触；而在间接加热系统中，蒸汽通过加热面传递热量，不直接与物料接触。

标准式蒸发器的操作通常在恒定压力下进行，控制压力水平则取决于物料的特性和所需的蒸发温度。在某些情况下，为了防止热敏感物料受到热损害，我们可能会在真空条件下进行蒸发，这样可以在较低温度下实现水分的蒸发。标准式蒸发器通常设有单个或多个分离室，以分离蒸发过程中产生的蒸汽和浓缩后的物料。分离室的设计确保了有效的气液分离，从而提高了蒸发效率。

在操作标准式蒸发器时，我们还需要考虑结垢和清洁的问题。由于蒸发过程中可能会在加热面上形成矿物质或其他物质的积垢，因此蒸发器需要定期进行清洁和维护以保持高效运行。

2. 加热室独立的蒸发器

加热室独立的蒸发器是由加热器、分离器和循环管三部分组成，是现代蒸发器发展的一个特点。加热室和分离室分开的优点包括以下几点。

（1）有效防止管道被料液析出的晶体堵塞。加热室和分离室分开可以调整两者之间的距离，并调节循环速度，使料液恰在高出加热管的顶端开始沸腾，而不在加热室中沸腾，整个管道仅用于加热。

（2）有利于分离雾沫，并可采用离心分离的形式。

（3）为多个加热室共用一个分离室创造了条件，可在必要时灵活使用每个加热室。

加热室独立的蒸发器根据循环类型可分为自然循环型和强制循环型。自然循环型蒸发器通过由加热引起的密度差异来驱动流体的循环。在这种蒸发器中，当加热室内的物料被加热时，较热的物料密度降低，从而引起上升流动，较冷的物料则下沉，形成一个自然循环流。这种循环方式不需要外部动力，因此操作相对简单且能耗较低。自然循环型蒸发器适用于那些不易形成污垢或不太黏稠的物料，如某些果汁或乳制品的浓缩。然而，这种蒸发器的传热效率相对较低，且对于高黏度或易结晶的物料可能不够有效。

强制循环型蒸发器则使用外部泵或其他机械装置来强制物料流动，可以显著增加物料在加热管道中的流速。强制循环确保了即使是高黏度或易结晶的物料也能均匀地流过加热管道，从而提高传热效率。这种类型的蒸发器特别适合处理那些需要高流速来防止沉积和结晶的物料。强制循环型蒸发器虽然能耗较高，但其高效的传热性能和对难加工物料的处理能力使其在工业应用中非常有价值。

3. 长管式蒸发器

长管式蒸发器有一组竖直或稍倾斜排列的长加热管，这些管道通常集成在一个大型的圆筒容器中。蒸汽作为加热介质，一般在这些管道的外侧流动，待蒸发的物料则在管内流动。物料在管内自下而上流动，与热蒸汽进行热交换，从而实现蒸发过程。

在长管式蒸发器中，物料的流动通常是通过自然循环或强制循环来实现的。在自然循环型长管式蒸发器中，物料会因加热产生的密度差异而在管内形成自然上升流动，这种流动方式使物料在较短时间内通过加热区，从而降低了热敏感性物质因长时间加热而分解的风险。强制循环型长管式蒸发器使用泵来驱动物料流动，这对于处理黏稠或高固含量的物料特别有用。

长管式蒸发器的一个主要优势是其高效的热交换能力。长管设计由于提供了较大的加热面积，因此能实现更高的热传递率。长管设计也有利于减少物料在加热过程中的停留时间，这对于保持热敏感性物料的品质至关重要。

然而，长管式蒸发器也存在一些缺点。例如，长管的清洁和维护可能比较困难，尤其是在处理易结垢或黏稠物料时；物料在管内流速较快，可能会导致管道内壁的磨损，增加维护成本。

4. 其他类型蒸发器

除上述蒸发器外，蒸发器的类型还包括以下几种。

（1）可用于高黏度物料的刮板薄膜蒸发器。这种蒸发器靠连续不断地搅动来阻止蒸发表面结膜，但机械搅拌增加了额外成本。

（2）具有操作简单、传热效果好、物料受热时间短等优点的板式蒸发器。这种蒸发器的物料流速较快，能有效减少结垢，广泛用于糖浓缩、乳制品浓缩等加工过程。

（3）利用离心力使物料形成薄膜的离心式蒸发器。这种蒸发器物料受热时间短，热敏感性物质损失少，但生产能力有限且费用高，故在食品工业中应用较少。

（三）蒸发器的选择

在选择合适的蒸发器时，我们需要考虑以下三个方面。

1.物料特性

物料特性是决定蒸发器选择的首要因素。我们首先需要考虑的是物料的热敏感性，对于那些热敏感的食品物料，我们需要选择能在较低温度下进行蒸发的蒸发器，如真空蒸发器或短管径蒸发器。物料的黏度也非常关键，高黏度物料可能需要强制循环蒸发器以防止物料在加热面上的沉积和结垢。此外，如果物料中含有易挥发的成分，我们应选择能够有效回收这些成分的蒸发器，以保留物料的品质和特性。

2.蒸发器的性能

蒸发器的传热效率、能源消耗和操作成本是选择过程中必须考虑的重要因素。例如，多效蒸发器和蒸汽机械再压缩（MVR）蒸发器虽然初始投资较高，但两者的运行成本较低，适合于大规模持续生产；相比之下，单效蒸发器的初始成本较低，但运行成本较高，可能更适用于小规模或间歇性生产。除了经济因素，我们还需要考虑蒸发器的操作灵活性和维护难度，如长管式蒸发器虽然传热效率高，但清洁和维护相对困难。

3.生产要求和环境因素

生产规模、产品质量要求以及环境因素也是决定蒸发器选择的重要因素。大规模连续生产可能更倾向于选择能源效率高、运行稳定的蒸发器，如多效蒸发器或 MVR 蒸发器；而小批量或多变的生产可能需要更灵活、易于调节的蒸发器类型，如单效蒸发器或薄膜蒸发器。产品的最终质量要求也会影响蒸发器的选择，如需要保留风味和香气成分的高质量食品可能需要特别设计的蒸发系统以最大限度地减少热损伤。环境因素（如能源成本和环境保护法规）也应该纳入考虑范围，选择更节能、环保的蒸发器类型。

第二节　冷冻浓缩技术

一、冷冻浓缩的基本原理

冷冻浓缩是利用冰与水溶液之间固液相平衡原理的一种浓缩方法，其操作是把稀溶液降温至水的冰点（凝固点）以下从而使部分水凝结成冰晶，再把冰晶分离出去则得到浓缩液。溶液的温度－浓度相平衡图如图 5-2 所示，横坐标表示溶液的浓度 X，纵坐标表示溶液的温度 T。曲线 $DABE$ 是溶液的冰点线，点 D 是纯水的冰点，点 E 是低共熔点。当溶液的浓度增加时，溶液中水分的化学势小于纯水的化学势，其冰点是下降的（在一定浓度范围内）。

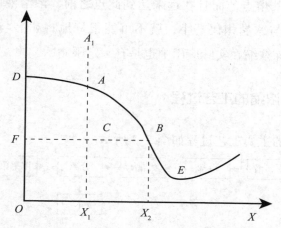

图 5-2　溶液的温度－浓度相平衡图

某一稀溶液的起始浓度为 X_1，温度为点 A_1 对应的温度。对该溶液进行冷却降温，当温度降低到冰点线（点 A 对应的温度）时，溶液中若没有"冰种"，则并不会结冰，其温度将继续下降到点 C 对应的温度，溶液变成过冷液体。过冷液体是不稳定液体，当受到外界干扰（如振动、搅拌、引入种晶等）时，溶液中会产生大量的冰晶，冰晶会生长变大。此时，溶液的浓度增大为 X_2，冰晶的浓度为 0（即纯水）。如果把溶液中的冰粒过滤出来，可以达到浓缩的目的。这个操作过程即冷冻浓缩。假设原溶液总量为 M，冰晶量为 C，浓缩液量为 P，根据溶质的物料平衡，有

$$(G+P)X_1 = PX_2 \text{或} G/P = (X_2 - X_1)/X_1 = BC/FC \qquad (5\text{-}1)$$

式（5-1）表明，冰晶量与浓缩液量之比等于线段 BC 与线段 FC 的长度之比，这个关系符合化学工程精馏分离的"杠杆法则"。根据上述法则我们可以计算冷冻浓缩的结冰量。

当溶液的初始浓度大于溶液的低共熔点（点 E）浓度时，冷却溶液析出的晶体是溶质，会使溶液变稀，这便是传统的结晶操作。由此可见，冷冻浓缩工艺和结晶工艺是相反的过程。要应用冷冻浓缩，溶液必须较稀，其浓度要小于低共熔点浓度。

理论上，冷冻浓缩过程可以进行到低共熔点。但实际上，多数食品没有明显的低共熔点，而且在远未达到此点之前，浓溶液的黏度已经很高了，其体积与冰晶相比甚小，就不可能很好地将冰晶与浓溶液分离。由此可见，冷冻浓缩在实际应用中也是有一定限制的。

二、冷冻浓缩的工艺过程

冷冻浓缩的主要工艺过程如图 5-3 所示。

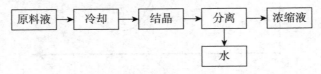

图 5-3　冷冻浓缩的主要工艺

下面主要论述结晶过程和分离过程。

（一）结晶过程

冷冻浓缩中的结晶是溶液中的溶剂（通常是水）的结晶，结晶会使被浓缩的溶液中的水形成冰晶析出，进而实现溶液的浓缩。

　　一般情况下，冰晶越大，相关的生产成本也越高。这是因为大冰晶需要更慢的冷却速度和更精细的控制，这可能增加能源消耗和操作复杂性。冰晶的大小还直接影响后期的冰晶分离过程，大冰晶通常更容易分离，但其生成和维持可能更为昂贵。

　　冰晶的形成和生长速度是影响冰晶大小和数量的关键因素，这些因素主要取决于溶液的冷却速度和晶体生长速度。晶体的生长速度不仅与溶质晶面的扩散作用有关，还与晶面上的析晶反应有关。因此，通过调整溶液的冷却速度和其他相关操作条件，我们可以在一定程度上控制冰晶的大小和数量。

　　在实际操作中，我们需要找到一个平衡点，以确保冰晶大小既能有效地进行后续的分离工作，又能够控制生产成本在合理范围内。优化结晶过程还需要考虑溶液的具体特性，如冰点、溶质的种类和浓度以及其他可能影响冰晶生长的因素。

　　冷冻浓缩的结晶过程可分为两类：渐进层状结晶和悬浮结晶。

　　1.渐进层状结晶

　　渐进层状结晶是冷冻浓缩过程中的一种关键结晶方式，它在食品工业中尤为重要。在渐进层状结晶过程中，冷却通常是缓慢且均匀进行的。这种方法的核心在于逐步降低溶液的温度，使水分子有序地排列并逐渐形成冰晶层。这一过程需要非常精细的温度控制，因为过快的冷却可能导致非均匀的结晶，过慢的冷却则会增加生产成本和时间。在渐进层状结晶中，冰晶通常沿着冷却表面形成，并逐渐向溶液的内部生长，这有助于形成较大且均匀的冰晶，这些冰晶在后续的分离过程中更容易被去除。较大的冰晶也意味着在分离过程中溶质的损失较小，从而保留更多的营养和风味成分。渐进层状结晶还能够给更好地控制冰晶中包含的溶质量，在冰晶形成的过程中，溶质被排斥在冰晶之外，这样可以通过控制冷却速率和时间来优化浓缩液中溶质的浓度，这一点对于保持产品的品质和特性非常关键，尤其是对于那些风味和营养成分容易受温度影响的产品。

渐进层状结晶的一大优势是它对产品的热损伤较小。由于整个过程在较低温度下缓慢进行，因此热敏感的营养成分和风味物质能够得到较好的保留，这对于果汁、乳制品等需要保持原始风味和营养的产品来说尤其重要。然而，这种结晶方式需要有精确的温度监控，这可能需要较为复杂和高成本的设备；由于冷却过程较慢，整个生产周期可能较长，这可能影响生产效率和成本。

在实际应用中，渐进层状结晶需要根据不同的产品特性和要求进行优化。例如，含糖量高的产品可能需要更慢的冷却速率来避免糖分在冰晶中结晶；某些高盐分的产品则可能需要特殊的处理来防止盐分析出。

2.悬浮结晶

在悬浮结晶中，冰晶的形成和生长发生在整个溶液体积中，而不仅限于接触冷却面的区域。这种结晶方式对于加速生产过程和处理大批量溶液尤为重要。

悬浮结晶通常在溶液中引入一定数量的冷却介质，使整个溶液迅速冷却，从而促进冰晶的均匀形成和生长。这种方法的关键在于快速降低溶液的整体温度，从而使冰晶几乎同时在整个溶液中析出。与渐进层状结晶相比，悬浮结晶更适合大规模生产和那些对生产时间有严格要求的应用。在悬浮结晶的过程中，冰晶的大小和形状由多种因素控制，包括冷却速率、溶液的初始温度以及搅拌的强度和方式。快速冷却和强烈搅拌通常会形成较小的冰晶，这些冰晶分布在整个溶液中。较小的冰晶可以更高效地与溶液中的溶质分离，但也可能影响后续的分离过程，因为小冰晶可能更难以从浓缩液中有效分离。

悬浮结晶的特点在于其快速性和适用于大批量生产的能力，这使悬浮结晶成为那些需要迅速处理大量溶液的食品加工应用的理想选择。悬浮结晶的整个过程可以在较短时间内完成，因此可以减少对热敏感物质的热损伤，保持产品的营养和风味。然而，这种结晶方式也有其局限性：第一，快速冷却可能导致冰晶尺寸较小，这在后续的分离过程中可能会增加复杂性和成本；第二，由于冰晶分布在整个溶液中，可能需要更复杂的分离技术来有效去除冰晶；第三，对于那些溶质浓度较高的溶液，快速冷却可能导致非均匀结晶，影响最终产品的质量。

在实际应用中，悬浮结晶需要根据不同的产品特性和要求进行优化。例如，含有较多糖分或盐分的溶液可能需要调整冷却速率和搅拌条件，以确保冰晶的均匀形成和生长。悬浮结晶还需要考虑最终产品的特性（如颜色、口感和营养价值），以确保悬浮结晶过程不会对这些特性造成不利影响。

（二）分离过程

分离过程是将冰晶与浓缩液有效地分离，以获得更高浓度的最终产品的过程，这一过程对于保持产品的质量和减少溶质损失具有重要意义。

分离过程中，浓缩液需要透过冰晶床。冰晶床的作用类似于过滤器，能够捕获较大的冰晶，同时允许较小分子的浓缩液通过。浓缩液通过冰晶床的流动通常是层流状态，这意味着液体以平行层的形式流动，相互之间几乎没有混合。这种流动模式有助于保持较稳定的过滤效果。

过滤速度受多种因素的影响，包括浓缩液的黏度和冰晶的粒度。一般来说，浓缩液的黏度越大，通过冰晶床的速率就越低，这是因为黏度高的液体流动阻力更大，难以穿过冰晶床。另一方面，冰晶粒度的大小也影响着透过率。通常，冰晶越小，冰晶床的透过率越高，这是因为小冰晶形成的床层更为均匀，有更多的空隙允许浓缩液通过。

在分离过程中，冰晶可能会携带一些溶质，从而造成溶质的损失。这种损失的程度与浓缩比相关，浓缩比即浓缩液的浓度。随着浓缩比的增加，从冰晶中分离更多的溶质会变得更加困难，这是因为在高浓缩比下，冰晶和浓缩液之间的界面更加紧密，冰晶更容易携带溶质。为了最小化溶质损失并提高分离效率，我们通常需要精确控制过滤条件，如温度、压力和过滤时间。冰晶的大小和形状也是重要的考虑因素，较大的冰晶可能更容易分离，但也可能增加生产成本，因此我们需要在冰晶大小、分离效率和生产成本之间找到适当的平衡。

三、冷冻浓缩设备

（一）结晶设备

1. 直接冷却式真空结晶器

直接冷却式真空结晶器是一种在真空条件下进行冷冻浓缩的设备。在这种设备中，溶液直接与冷却介质接触，从而实现冷却和结晶。真空环境的主要作用是降低溶液的沸点，这样可以在更低的温度下进行冷却，有效减少热敏感物质的热损伤。直接冷却式真空结晶器的设计允许溶液在较低的温度下迅速冷却，从而促进冰晶的形成。这种结晶器通常用于那些需要严格控制温度以保持产品质量的应用（如食品和药品行业）中，其优点包括结晶过程快速、能效高、对产品的热损伤小。然而，这种结晶器也有一些局限性，如设备成本较高以及对于操作条件和维护的要求较为严格。

2. 内冷式结晶器

内冷式结晶器是通过内部冷却系统来实现结晶的设备。这种结晶器内部装有冷却管或冷却板，溶液在这些冷却介质的周围流动。冷却介质的温度通常低于溶液的冰点，从而引导溶液中的水分结晶成冰。内冷式结晶器的设计使冷却过程较为均匀，有助于控制冰晶的大小和分布，从而提高分离效率和产品质量。这种结晶器适用于那些对冰晶质量有较高要求的应用，如需保持一致的产品口感和营养成分的食品加工。这种结晶器的优点是可以较为精确地控制冷却过程，缺点是冷却系统的维护成本较高以及可能需要较大的设备空间。

3. 外冷式结晶器

外冷式结晶器采用外部冷却系统来降低溶液的温度。在这种结晶器中，溶液在封闭的容器内流动，冷却介质则在容器外部流动，通过容器壁传递冷却效果。这种设计避免了直接接触式冷却可能带来的污染问题，同时使冷却过程更加温和和均匀。外冷式结晶器通常用于那些对产品清洁度和质量控制有较高要求的场合，如高质量的食品制造。这种结晶器的优点是能够有效避免交叉污染，保持产品的纯净度；缺点则是冷却效率可能低于直接接触式的冷却方法，且设备成本较高。

（二）分离设备

冷冻浓缩的分离设备种类较多，常见的有机械压榨机、离心分离机、洗涤塔以及由这些设备组合而成的分离设备等。分离设备的工作效率与冰晶的大小、冰晶的形状、分离时浓缩液受到的作用力及浓缩液的浓度有关。

1.机械压榨机

机械压榨机是一种应用物理压力来分离冰晶和浓缩液的设备。在这种设备中，含有冰晶的浓缩液被放置在一个压力容器中，然后该设备通过机械手段（如螺旋压榨或压板）施加压力，这种压力将冰晶挤压到容器的一边，浓缩液则被迫通过过滤介质流出。机械压榨机特别适用于那些冰晶较大且易于物理分离的应用场合，如某些类型的果汁和乳制品浓缩。这种设备的优点包括结构简单、成本相对较低以及对能源的需求较小。然而，这种设备可能对浓缩液造成一定的物理压力，影响产品的质量。

2.离心分离机

离心分离机利用离心力来分离冰晶和浓缩液。在这个过程中，含有冰晶的浓缩液被放入旋转的容器中。由于冰晶的密度通常高于浓缩液，因此在高速旋转过程中，冰晶会被甩向容器的外壁，浓缩液则保留在中心。离心分离机特别适用于那些冰晶较小且难以通过物理压榨的方法有效分离的情况。该设备的优点有分离效率高、处理速度快，适合大规模生产，但其设备成本和维护成本相对较高，且对操作条件的要求较为严格。

3. 洗涤塔

洗涤塔是一种利用液体流动来分离固体和液体的设备。在冷冻浓缩的应用中，洗涤塔可以用于移除冰晶表面的浓缩液，从而减少溶质的损失。浓缩液通过塔内流动，冰晶则被喷洒或淋洗，以去除附着在冰晶表面的浓缩液。这种方法适合那些需要最小化溶质损失的应用，如某些高价值的食品和药品。洗涤塔的优点是能够有效减少溶质的损失，缺点则是可能需要额外的液体处理步骤，且对操作条件的控制要求较高。

4. 组合式分离设备

组合式分离设备结合了多种分离设备，以优化整个分离过程。这些设备可能结合了机械压榨、离心分离和洗涤等多种技术，以提高分离效率和产品质量。组合式分离设备可以针对不同类型的冰晶和浓缩液特性，选择最适合的分离方法。这种设备特别适用于复杂或多变的生产条件，其中单一的分离方法可能无法满足所有要求。组合式分离设备的优点是灵活性高、适应性强，缺点则是成本较高，且可能需要更复杂的操作和维护。

四、冷冻浓缩在食品工业中的应用

冷冻浓缩技术可以得到高质量的产品，因此在很多食品生产中得到了广泛应用。在不同的产品生产中，冷冻浓缩具有不同的优势。

（一）在乳制品行业中的应用

冷冻浓缩技术在乳制品行业中发挥着重要作用，特别是在生产浓缩乳、冰激凌基料以及各类乳制品添加剂时。这种技术通过冷冻方式分离乳液中的水分，从而增加乳固体的浓度，同时保持乳制品的营养和风味特性。冷冻浓缩对于保持乳制品中的蛋白质和其他热敏感营养成分尤为重要，因为它避免了传统热浓缩过程中可能发生的营养成分损失和风味变化。这种方法还有助于延长产品的保质期，因为低温条件可以抑制微生物的生长。在实际应用中，冷冻浓缩技术能够使乳制品厂商更有效地控制最终产品的质量，提高生产效率，同时减少能源消耗和加工成本。

（二）在酿酒行业中的应用

冷冻浓缩在酿酒行业中主要用于生产冰酒和某些特殊类型的烈酒。冰酒的生产依赖于冷冻浓缩技术来增强葡萄汁的糖分和风味物质的浓度。在这个过程中，葡萄汁被冷冻，水分则以冰晶形式被分离出来，从而使剩余的液体更加浓缩和香醇。这种方法不仅能够提高酒精含量，还能够增强酒的风味特性，如果香和甜度。冷冻浓缩技术也被用于生产某些特种烈酒，该方法通过减少水分含量来提高酒精浓度，同时保持酒的原始风味。在这些应用中，冷冻浓缩技术的优势在于其对风味和香气成分的保护以及对酒精浓度的精确控制。

（三）在果汁行业中的应用

冷冻浓缩技术在果汁行业中的应用主要集中在生产浓缩果汁和果汁粉方面。该技术可以有效地去除果汁中的水分，从而提高果汁的保存性和运输效率。在冷冻浓缩过程中，果汁被冷却至接近冰点，水分以冰晶形式被分离出来，剩下的是富含糖分、维生素、矿物质和其他营养成分的浓缩液。这种方法的优点在于它可以在低温下进行，最大限度地减少了热敏感营养成分的损失和风味变化。浓缩果汁在储存和运输过程中所需的空间和包装成本也大大减少，使果汁产品更加经济、高效。

第三节　食品结晶技术

结晶技术是从均匀相中形成固体颗粒再进行分离的技术，包括由蒸气转化变成固体、液体溶化物的凝固和液体溶液结晶的过程。结晶技术广泛应用于糖类产品、乳制品、冰激凌、巧克力以及某些类型的酒精饮料的生产中。通过精确控制温度、浓度和冷却速度，我们可以有效地改变结晶体的大小、形状和分布，进而影响食品的质地、稳定性和口感。结晶技术不仅对提高食品的感官品质至关重要，还是保证食品加工过程中质量控制和产量效率的关键。随着现代化技术的发展，食品结晶技术在提高食品安全性、延长保质期和增强产品竞争力方面发挥着越来越重要的作用。

一、结晶方法与结晶设备

（一）结晶方法

1.蒸发结晶法

蒸发结晶法是一种通过减少溶剂来增加溶液中溶质浓度的结晶方法。在这个过程中，部分溶剂（通常是水）被蒸发掉，使溶液变得过饱和，从而促使溶质结晶。这种方法常用于那些溶质在高温下稳定的溶液，如糖类和某些盐类的结晶。蒸发结晶法可以精确控制蒸发速率和温度，从而控制晶体的大小和质量。这种方法还可以通过循环使用溶剂来提高效率和减少成本。然而，蒸发结晶法的能源消耗相对较高，且可能不适用于热敏感物质，因为高温可能导致某些化合物的分解或变性。

2.冷却结晶法

冷却结晶法是通过降低溶液的温度来促使溶质结晶的一种方法。当溶液的温度下降时，溶质的溶解度降低，使溶液过饱和，从而形成晶体。这种方法适用于那些溶质的溶解度随温度降低而减少的物质。冷却结晶法常用于食品工业中的糖类和某些类型的盐类结晶以及药品制造，它的优点在于能够在较低温度下进行，适用于热敏感物质。然而，冷却结晶的速度和晶体质量可能受到冷却速率和初始溶液条件的影响。

3.自蒸发冷却结晶法

自蒸发冷却结晶法结合了蒸发和冷却两种方法，通过自然蒸发和冷却过程来促进结晶。在这个过程中，溶液被放置在开放环境中，让溶剂自然蒸发，同时溶液逐渐冷却。这种方法使溶质在渐变的条件下结晶，通常可以得到较为均匀和规则的晶体。自蒸发冷却结晶法适用于需要缓慢结晶以获得特定晶体形状和大小的场合，如某些特殊化学药品的制备。该方法的缺点包括结晶速度较慢，且受环境条件影响较大。

4. 盐析结晶法

盐析结晶法是通过向溶液中添加另一种溶质（通常是盐类），来降低原溶质的溶解度，从而促使原溶质结晶的一种方法。当添加的溶质溶解时，它会与原溶质竞争溶剂，使原溶质的有效溶解度下降，从而形成过饱和溶液并促进结晶。这种方法常用于蛋白质和某些有机化合物的结晶。盐析结晶法的优点是可以在温和的条件下进行，适合热敏感或不稳定物质的结晶。然而，这种方法可能需要精确控制溶质的添加量，且溶质的种类和浓度对最终晶体的质量有重要影响。

（二）常用的结晶设备

1. 釜式结晶器

釜式结晶器是一种简单的结晶设备，主要用于蒸发结晶和冷却结晶过程。它通常由一个加热或冷却系统配备的大型容器组成，使溶液在容器中达到过饱和状态并促进结晶。釜式结晶器的设计可以是开放式或封闭式，具体取决于操作的需要。这种结晶器适用于从实验室小批量到工业大批量生产的各种规模的生产。釜式结晶器的优点包括操作简单、成本较低以及适用于多种结晶方法。然而，由于其结晶环境较难精确控制，因此这种结晶器可能导致晶体大小和质量的不一致性。

2. Krystal-Oslo 分级结晶器

Krystal-Oslo 分级结晶器是一种更复杂的结晶设备，主要用于实现连续结晶过程。这种结晶器设有多个室，每个室具有不同的温度和溶液浓度，可以对结晶过程进行更精细的控制。在 Krystal-Oslo 分级结晶器中，溶液和晶体可以在不同室之间流动，从而优化晶体的生长条件。这种结晶器适用于需要精确控制晶体大小和形状的应用，如某些特殊化学药品的制造。Krystal-Oslo 分级结晶器的主要优点是可以连续操作，提高生产效率和晶体质量，但设备成本和维护成本相对较高。

3.蒸发结晶器

蒸发结晶器是一种专门用于蒸发结晶过程的设备。在蒸发结晶器中，溶剂（通常是水）被加热并蒸发，从而使溶液过饱和并诱导结晶。这种结晶器通常配有精确的温度控制和蒸发速率控制系统，以确保结晶过程的均匀性和效率。蒸发结晶器适用于那些溶质在高温下稳定的物质（如某些无机盐和糖类），其优点是可以快速达到过饱和状态并促进结晶，但能源消耗较高，并且可能不适用于热敏感物质。

4.真空冷却结晶器

真空冷却结晶器结合了冷却和真空技术来促进结晶。在这种设备中，溶液在真空环境下被冷却，从而降低溶质的溶解度并促使其结晶。真空环境允许在较低的温度下进行结晶，适用于热敏感物质。真空冷却结晶器的主要优点是可以在温和条件下进行结晶，从而保护热敏感物质不受热损伤。然而，这种设备的成本较高，且对操作和维护的要求较为严格。

二、影响晶体质量的因素

影响晶体质量的因素有多个，其中比较关键的五个因素如图 5-4 所示。

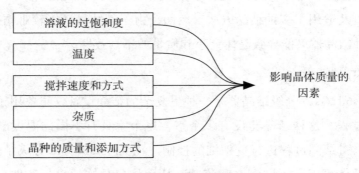

图 5-4　影响晶体质量的因素

（一）溶液的过饱和度

溶液的过饱和度决定了结晶过程的驱动力。如果过饱和度过高，晶体可能会过快生长，形成不规则或质量较差的晶体。相反，过低的过饱和度可能导致晶体生长过慢，甚至无法有效形成晶体。理想的过饱和度应该能够促进均匀且稳定的晶体生长，从而生成高质量的晶体。精确控制溶液的过饱和度需要综合考虑温度、溶质浓度以及溶剂的性质。

（二）温度

温度是影响晶体生长速度和晶体形态的关键因素。不同的物质在不同的温度下具有不同的溶解度，这直接影响着晶体的生长方式。温度的稳定性对于保证晶体质量至关重要，因为温度波动可能导致晶体内部出现缺陷或不均匀结构。在食品加工中，精确的温度控制可以帮助制造出具有一致性和特定口感的产品。

（三）搅拌速度和方式

搅拌在晶体生长过程中起到两个主要作用：一方面，它可以帮助保持溶液的均匀性，从而促进晶体均匀生长；另一方面，不当的搅拌可能导致晶体破碎或产生缺陷。搅拌速度和方式的选择需要根据具体的溶液特性和所需晶体的特性来确定。过强的搅拌可能导致晶体破碎或者形成过小的晶体，过弱的搅拌则可能导致晶体生长不均匀。

（四）杂质

溶液中的杂质会显著影响晶体的质量。某些杂质可能促进晶体生长，其他杂质则可能抑制晶体生长或导致晶体结构缺陷。杂质的类型、浓度以及与溶质的相互作用都会影响最终晶体的形态和纯度。在食品加工中，确保原料的纯度和质量是生产高质量晶体产品的关键。

（五）晶种的质量和添加方式

使用晶种的方法可以有效控制晶体的大小和形状。晶种的质量直接影响最终晶体的质量。高质量的晶种可以促进均匀和稳定的晶体生长，而质量较差的晶种可能导致晶体质量下降。晶种的添加方式也是影响晶体质量的一个重要因素。正确的添加方法可以确保晶体均匀生长，而不恰当的添加方法可能导致晶体大小和形状的不一致性。

第六章 食品热处理原理与技术

第一节 热处理原理及其对食品的影响

热处理是食品加工中重要的处理方法之一。热处理过程可杀灭微生物，使酶失去活性，并改善食物性质（如颜色、风味、质地等），还能破坏食物中某些抗营养因素（如胰蛋白酶抑制剂等），进而提高食品中营养成分的可利用率和可消化性等。[①]

一、热处理原理

（一）传热方式

在食品的热处理过程中，加热介质（如蒸汽或沸水）向食品传递热量，使食品内部各个区域的温度逐渐升高。然而，由于热量传播的不均匀性，食品的中心部位通常是最后一个升温的区域，因此成为受热最慢的部位。为了准确评估食品在热处理过程中的受热程度，我们需要确定食品中那个反映温度变化最缓慢的点，即"冷点"。在加热过程中，这个点的温度是最低的，而在冷却过程中，其温度是最高的。通常，冷点的

---

① 翟玮玮.食品加工原理[M].2版.北京：中国轻工业出版社，2018：108.

具体位置可以通过热敏电偶进行实际测量来确定。在热处理食品时，如果该冷点位置达到了热处理的目标温度，那么食品的其他部分也达到或超过了所需的热处理水平。因此，监测食品中冷点的温度变化是确保整个食品受热均匀且充分的关键。值得注意的是，食品中冷点温度的变化与热处理的传热方式有着密切关系，不同的传热方式可能会产生冷点位置和热传导效率的差异。下面介绍三种主要的传热方式。

1.传导

传导是一种热能直接从高温物体传递到低温物体的过程，无须借助物质流动。在食品加工中，食品与加热表面接触（如煎、烤或烘焙过程）就是通过传导方式进行加热的。传导的效率取决于两个物体之间的温度差、接触面积和热导率，其中热导率受食品的组成、结构和水分含量的影响，如干燥的食品比含水量高的食品热导率低。在传导加热过程中，热量从食品的外部向内部逐渐传递，因此加热速度取决于食品的厚度和热导率。对于厚的或热导率低的食品，传导加热可能会导致外部过度加热而内部未能充分加热的情况。

2.对流

对流是通过流体（液体或气体）的流动将热量从一个地方传递到另一个地方的过程。在食品加工中，对流常见于液体中的加热（如煮沸）或使用热风的烘焙和干燥过程。对流加热更加均匀和高效，因为热量会通过流体的流动被传递到食品的各个部位。对流可以是自然的，自然的对流由加热引起的温度差异而产生流动；也可以是强制的，强制的对流通过外部力量（如风扇或搅拌器）促进流体流动。例如，在烤箱中烘焙时，热空气的循环可以更均匀地将热量传递给食品；在煮沸过程中，水的流动能够确保食品各部分被均匀加热。

3.对流传导结合式

在很多食品加工过程中，对流和传导这两种传热方式经常同时发生，共同影响食品的加热效果。例如，在煎炒过程中，食品的底部通过与热锅接触（传导）加热，顶部则通过热空气（对流）加热，这种结合方式可以提高加热效率并促使食品更均匀地受热。对流传导结合式加热的效果取决于食品的性质、加热介质的特性以及加热条件。正确平衡传导和对流的比例对于确保食品均匀加热和防止局部过热非常重要，如在用烤箱烹饪时，对流和传导的结合能够确保食品内外都能均匀地达到所需的烹饪温度。

（二）影响传热速率的因素

食品在热处理时各部位的温度是不同的，因此我们应该了解影响食品温度变化快慢（即传热速率）的各项因素（图6-1）。

图6-1　影响传热速率的因素

1.食品的物理性质

食品的物理性质对热处理过程中的传热速率有显著影响。这些物理性质包括热导率、密度、比热容以及水分含量等。热导率决定了热量在食品内部传递的速度，热导率高的物质能快速传递热量，而热导率低的物质（如某些干燥食品）传热速度较慢。密度也会影响传热速率，密度大的食品在相同体积下含有更多的物质，因此需要更多的热量来升温。比热容是指单位质量的物质升高一摄氏度温度所需的热量，比热容高的

125

物质需要更多的热量来升温。水分含量是影响传热速率的另一个重要因素，水分含量高的食品通常热传递更快，这是因为水的热导率高于大多数固体食品成分。

2. 食品初温

食品在热处理前的初始温度（初温）也会显著影响传热速率。初温更高的食品在热处理过程中达到目标温度所需的时间更短，因为它们距离目标温度更近。例如，室温下的食品比冷藏或冷冻的食品在加热时升温更快，因为它们的初始温度更高。初温在快速加热过程（如微波加热）中的影响变得越来越重要。因此，了解和控制食品的初始温度对于优化热处理过程至关重要，尤其是在需要精确控制加热时间以确保食品安全和品质的情况下。

3. 容器

对于食品热处理时的传热，这里主要考虑容器的材料、容积和几何尺寸的影响。容器的热阻对传热速率有一定的影响，热阻取决于容器材料的厚度（δ）与热导率（λ），可用 δ / λ 表示，因此容器材料越厚，热导率越小，则热阻越大。食品工业中常用的容器有铁罐和玻璃罐，一般来说玻璃罐的热导率比铁罐小得多，厚度却比铁罐大得多，故玻璃罐的热阻也比铁罐大得多。从热导率和厚度对比关系来看，铁罐罐壁厚度的变化对热阻的影响远不及玻璃罐罐壁厚度的变化对热阻的影响，但是加热杀菌时食品传递热量的方式会改变容器热阻对食品传热速率或加热时间的影响。传导加热型食品热处理的加热时间取决于食品的导热性而非罐壁热阻，对流传热型食品热处理却取决于容器的热阻。

容器的容积和几何尺寸对传热速率也有影响。容积越大，所需的加热时间越长。容器的几何尺寸对于常见的圆罐，指罐高与罐径之比（H/D）。当容积相同时，H/D 为 0.25 时，加热时间最短。所以，对于内部传热困难的干装类食品，尽量选用扁平罐型。

4.加热设备

加热设备在食品热处理过程中对传热的影响至关重要，因为它直接影响着热量如何以及多快地被食品吸收。加热设备的设计特性（如大小、形状、加热元件的布置以及是否有搅拌或循环系统）都会影响热量在设备内的分布以及如何传递给食品。例如，大型工业烤箱可能配备风扇来促进热空气循环，从而实现更均匀的热分布；而小型家用烤箱可能没有这种功能，导致加热不均匀。加热设备的热容量和热效率也是影响热传递的重要因素。热容量大的设备可以存储更多的热量，提供更稳定的热环境，而热效率高的设备可以更快地将热量传递给食品，缩短加热时间。加热设备的操作和维护状况也会影响其性能。设备的正常运行需要定期维护（如清洁加热元件），确保所有部件工作正常。未经适当维护的设备可能导致热量分布不均或加热效率下降。

二、热处理对食品的影响

（一）热处理对食品中微生物的影响

1.微生物的耐热性

温度是影响微生物生长和繁殖的重要环境因素之一，微生物可能繁殖的总体温度范围为 -10 ～ 90 ℃，但是各种微生物繁殖所要求的最适温度范围是不同的，我们可将细菌大致分为嗜热菌、嗜温菌和嗜冷菌三类（表 6-1）。

表 6-1　细菌繁殖的温度范围

细菌类型		最低温度/℃	最适宜温度/℃	最高温度/℃
嗜热菌		30~45	50~70	70~90
嗜温菌	中温性菌	5~15	30~45	45~55
	中低温性菌	-5~5	25~30	30~35
嗜冷菌		-10~5	12~15	15~25

2. 热处理对微生物的影响效果

热处理对微生物的影响是其应用于食品加工和保藏中的主要原因之一。适当的热处理可以有效地减少或消除食品中的微生物，从而提高食品的安全性并延长其保质期。

热处理能够杀死或抑制大多数致病性微生物，包括细菌、病毒和真菌。这些微生物在一定的温度下会失去活性或被彻底杀死。例如，巴氏杀菌和商业杀菌等方法能够在相对温和的条件下减少食品中的微生物数量，而灭菌旨在消除所有微生物。杀死或抑制这些微生物对于防止食源性疾病和食品腐败至关重要。

除了对致病性微生物的影响，热处理还能够影响食品中的其他微生物，如发酵过程中使用的有益微生物。过度的热处理可能会破坏这些有益微生物，影响食品的发酵过程和最终品质。因此，在进行热处理时我们需要精确控制温度和时间，以保护对食品品质有益的微生物。

热处理还可以影响微生物产生的毒素。某些微生物在生长过程中会产生毒素，这些毒素会对人体健康构成威胁。虽然热处理可以杀死这些微生物，但它们产生的毒素在某些情况下可能对热稳定，因此仅靠热处理不能完全消除食品中的毒素风险。

热处理对微生物孢子的影响也是一个重要考虑因素。某些微生物（如芽孢杆菌）能够形成耐热的孢子。这些孢子在一般的热处理条件下可能无法被消灭，因此需要采用更高温度的热处理方法（如灭菌）来确保食品的安全性。

3. 热处理过程中影响微生物耐热性的因素

（1）热处理温度。热处理温度是影响微生物耐热性的最直接因素。不同种类的微生物对热的敏感程度不同，但通常情况下，更高的温度会产生更快的微生物死亡速率。高温能够破坏微生物的细胞结构（如细胞壁和细胞膜），影响其内部的蛋白质和酶的活性，使微生物无法生存。然而，还有一些微生物（如芽孢形成的细菌）能够在较高温度下生存，因此我们需要更高的热处理温度来确保微生物被彻底杀灭。

（2）加热方式。不同的加热方式（如蒸汽、热水、热风或微波）可能会产生不同的热传递效率和均匀性，从而影响微生物的死亡速率。例如，蒸汽加热由于热传递效率高，通常能更快地杀死微生物；而微波加热可能由于加热不均匀而影响杀菌效果。

（3）食品水分活度。食品中的水分活度也会影响微生物的耐热性。水分活度较高的食品中，微生物更容易生长和繁殖，因此可能需要更高的热处理温度来将其杀灭。相反，低水分活度的食品中微生物生长缓慢，耐热性可能更高，因此即使在较低温度下也可能需要更长时间的热处理。

（4）pH。食品的 pH 对微生物的耐热性也有重要影响。酸性环境（低pH）通常能增加微生物的热敏感性，因为酸性条件下微生物的细胞壁和膜更容易被破坏。因此，在酸性食品中进行热处理可能需要较低的温度或较短的时间就能达到相同的杀菌效果。而碱性或中性环境可能需要更高的温度或更长时间的热处理。

（二）热处理对食品中酶的影响

1.酶的种类及作用

酶的存在会使食品在加工和保藏过程中的质量下降，主要反映在食品的感官和营养方面的质量降低。这些酶主要是氧化酶类和水解酶类，包括过氧化物酶、多酚氧化酶、脂肪氧合酶、抗坏血酸氧化酶等。表 6-2 为与食品质量降低有关的酶的种类及其作用。

表6-2　为与食品质量降低有关的酶的种类及其作用

酶的种类	酶的作用
过氧化物酶	导致蔬菜变味、水果褐变
多酚氧化酶	导致蔬菜和水果的变色、变味以及维生素的损失
脂肪氧合酶	破坏蔬菜中的必需脂肪和维生素 A，导致变味
脂肪酶	导致油、乳和乳制品的水解酸败以及燕麦饼过度褐变、麸皮褐变等

酶的种类	酶的作用
多聚半乳糖醛酸酶	破坏和分离果胶物质，导致果汁失稳或果实过度软烂
蛋白酶类	影响鲜蛋和干蛋制品的贮藏，影响面团的体积和质构
抗坏血酸氧化酶	破坏蔬菜和水果中的抗坏血酸（维生素 C）
硫胺素酶	破坏肉、鱼中的硫胺素（维生素 B1）
叶绿素酶	破坏叶绿素，导致绿色蔬菜褪色

2.热处理对酶的影响

热处理可以抑制酶的活性或使其失活。酶是一类蛋白质，对温度变化特别敏感。在一定的温度范围内，酶会因结构改变而失去其催化作用，这种失活过程通常是不可逆的。在食品加工中，通过热处理来使酶失活是常见的保质手段，如在蔬菜和水果加工中，热烫处理可以使酶失活，以防止颜色变化、口感恶化或营养成分的损失。正确的热处理可以有效延长食品的保质期，减少由酶引起的不良变化。

热处理的程度和持续时间对酶有显著影响。温和的热处理条件可能只使部分酶失活，而更高温度或更长时间的热处理可以使酶完全失活。因此，在设计热处理程序时，我们需要根据目标食品的特性和所需的最终品质来确定适当的温度和时间。例如，牛奶的巴氏杀菌旨在使部分酶失活而保留营养和风味，罐头食品的商业杀菌则需要更高温度以确保食品的长期安全储存。

热处理对不同酶的影响也不尽相同。不同的酶对热的敏感性不一，一些酶可能在较低温度下就失活，其他酶则可能需要更高温度。酶的来源和存在的食品基质也会影响酶对热的敏感性，如某些植物源酶可能比动物源酶更易受热处理的影响。因此，在应用热处理技术时，了解目标食品中所含酶的性质和稳定性是非常重要的。

（三）热处理对食品营养成分和感官品质的影响

热处理对食品营养成分和感官品质的影响是食品加工领域的重要考量点，因为这些因素直接关系到食品的健康价值和消费者的接受程度。

1. 对营养成分的影响

热处理对食品中营养成分的影响既有正面影响也有负面影响。正面来看，热处理可以增加某些营养素的生物可利用性。例如，热处理可以破坏食品中的某些抗营养因素（如豆类中的植酸和胰蛋白酶抑制剂），从而提高食品的营养价值。此外，一些矿物质和抗氧化物质在经过适当的热处理后更易于人体吸收。然而，热处理也可能导致某些营养成分的损失，特别是那些热敏感的营养素，如维生素 C 和某些 B 族维生素。这些营养素在高温或长时间加热过程中容易分解。过度的热处理还可能导致蛋白质变性和脂肪氧化，从而降低食品的营养价值。因此，在进行热处理时，我们需要精心控制温度和时间，以最大限度地保留食品中的营养成分。

2. 对感官品质的影响

热处理对食品的感官品质有显著影响。一方面，适当的热处理可以改善食品的口感和风味。例如，热处理可以使肉类更加柔软，释放出更多的风味化合物；在蔬菜和水果的加工中，热处理可以改善颜色和质地，使产品更加吸引消费者。另一方面，过度或不当的热处理可能会对食品的色泽、风味和口感产生负面影响。高温或长时间的加热可能导致食品干燥、焦化或产生令人不愉快的味道。例如，过度加热的蔬菜可能会失去其鲜明的颜色和脆嫩的口感，肉类则可能变得过于干硬。此外，某些热处理方法可能产生不希望出现的化学反应，如美拉德反应，这个化学反应虽然能增加食品的风味，但也可能产生有害物质。

为了最大限度地保留营养成分并提升感官品质，热处理需要根据不同食品的特性进行精确控制。通过优化热处理条件，我们可以改善食品的整体品质，满足消费者对健康和美味食品的需求。

第二节　热烫及食品热杀菌技术

一、热烫

　　热烫是一种预处理方法，广泛应用于食品加工，尤其是在果蔬加工中十分常见。热烫通常是指将食品短时间内暴露于高温水中或蒸汽中，然后迅速冷却。这一过程的目的是在最大程度保留食品的色泽、口感和营养成分的同时，达到一定的消毒和酶失活效果。热烫能够消除食品中的微生物和酶活性，这些微生物或酶如不加以控制，可能导致食品的颜色、风味和营养价值在储存和加工过程中的退化。例如，在冷冻蔬菜加工过程中，热烫能有效抑制酶的活性或使酶完全失活，防止食品在冷冻储存期间发生品质下降。热烫还有助于改善食品的质地和颜色，热烫过程中的热处理可以使蔬菜的细胞壁软化，使蔬菜更易于咀嚼和消化，同时能够使绿叶蔬菜的绿色更加鲜亮，因为热烫有助于减少叶绿素的氧化。热烫还常用于去除食品表面的微生物和污垢，特别是那些生吃或只经过轻微加工的食品，这种方式可以提高食品的安全性，减少微生物引起的食品安全问题。

　　热烫的过程需要精确控制时间和温度。时间过长或温度过高可能会导致食品被过度烹煮，影响其口感和营养价值。反之，时间过短或温度过低则可能无法有效抑制酶的活性，达不到预期的保质效果。热烫后的快速冷却同样重要，它有助于停止热处理的进一步作用，保持食品的品质。通常，冷却是通过将热烫过的食品浸入或用冷水冲洗来实现的。表6-3展示了部分蔬菜热烫的条件。

表6-3　部分蔬菜热烫的条件

品种	温度/℃	时间/min
菜豆	95~100	2~3
豌豆	96~100	1.5~3
蚕豆	95~100	1.5~2.5
毛豆	93~96	1.5~2.5
青刀豆	90~93	1.5~2.5
胡萝卜	93~96	3
花菜	93~96	1~2
茎柳菜	93~96	1~2
芦笋	90~95	1.5~3
蘑菇	96~98	4~6
马铃薯	95~100	2~3
甜玉米	96~100	3~4

　　热烫温度根据处理的物料而变化，通常以食品中耐热性酶的活性消失作为判断热烫成败的标志。例如，在大多数蔬菜中发现的两种耐热酶分别是过氧化氢酶和过氧化物酶，尽管两者不会引起贮藏期的腐败，但人们常把它们视为热烫成败的标志性酶，其中过氧化物酶尤其耐热，因此若剩余的过氧化物酶活性消失，则表示其他较不耐热的酶已被破坏。

二、食品热杀菌技术

（一）巴氏杀菌

　　巴氏杀菌是一种温和的热处理方法，旨在通过应用中等温度来减少食品中的微生物数量，从而延长食品的保质期，同时尽可能保留其原始风味和营养成分。该方法由法国微生物学家路易斯·巴斯德（Louis

Pasteur）在 19 世纪发明，主要用于乳制品、果汁和其他液体食品。这种热处理方式能有效杀灭或抑制绝大部分致病性微生物和腐败微生物，同时减少酶活性，延缓食品变质。与高温杀菌相比，巴氏杀菌对食品的风味和营养成分的影响相对较小，但它不像高温杀菌那样能彻底灭活所有微生物，因此处理过的食品通常需要冷藏保存。

巴氏杀菌根据加热温度和持续时间的不同，可以分为低温长时杀菌法和高温短时杀菌法两种。

1.低温长时杀菌法

低温长时杀菌法是一种相对温和的巴氏杀菌方法，通常在 63 ～ 65 ℃的温度下进行，持续时间约为 30 min。这种方法的主要优势在于它可以较好地保留食品的原始风味和营养成分，因为较低的温度不太可能导致食品中敏感营养物质的破坏。低温长时杀菌法适用于各种乳制品和果汁等，特别是那些对高温处理较为敏感的产品。然而，由于温度较低，这种方法可能无法完全杀灭所有的微生物，尤其是热抗性较高的微生物和芽孢。因此，经低温长时杀菌处理的产品通常需要在较低温度下存储，以延长保质期。此外，低温长时杀菌法的能源消耗相对较高，因为它需要较长时间保持一定的温度。

2.高温短时杀菌法

高温短时杀菌法通常在 72 ～ 75 ℃下进行，持续时间为 15 ～ 20 s。这种方法通过快速升温和降温，能够有效杀灭绝大多数微生物（包括热抗性较强的微生物），同时在很大程度上保留食品的营养和风味。高温短时杀菌法是一种更为高效的巴氏杀菌方法，能够节省时间和能源消耗。由于加热时间短，该方法对食品的营养成分和感官质量的影响相对较小。这种方法广泛应用于牛奶、果汁和其他液态食品的加工中。然而，高温短时杀菌法需要精确控制加热温度和时间，以确保杀菌效果，同时防止食品过热。这种方法通常需要专门的设备来快速加热和冷却食品，以保证加热过程的均匀性和效率。

（二）商业杀菌

商业杀菌是一种更为严格的热处理方法，旨在使罐装或包装食品中的微生物达到安全水平，从而能在常温下长期储存。此过程不一定杀死所有微生物，但能够消灭所有能在常温下繁殖的致病微生物和引起食品变质的微生物。商业杀菌通常在 121 ℃左右进行，持续时间取决于食品的类型和包装大小，可以从几分钟到一小时不等。

商业杀菌的关键在于确保食品的安全性，同时尽可能保留食品的营养和感官品质。这种方法常用于罐头食品的生产，如罐头蔬菜、肉类和鱼类。由于高温处理，某些营养成分可能会有所损失，但商业杀菌能够显著延长食品的保质期，使食品在不需要冷藏的条件下保持稳定。

商业杀菌过程需要平衡杀菌效果与食品品质之间的关系。温度和时间的精确控制对于防止食品过度加热至关重要，这需要精确的热处理设备和严格的操作程序。

三、食品热杀菌设备

（一）高压蒸汽杀菌器

高压蒸汽杀菌器是一种广泛使用的热杀菌设备，它利用饱和蒸汽在高压下进行加热，能够达到比沸水温度更高的温度，通常在 121 ℃以上。在这种高温高压环境下，微生物和其芽孢可以被迅速、有效地杀死。高压蒸汽杀菌器的核心优势在于其加热速度快，渗透性强，能够均匀地加热整个产品，确保杀菌彻底。此外，这种设备通常配有温度和压力控制系统，能够确保加热过程的稳定性和可重复性。高压蒸汽杀菌器适用于各种容器包装的食品，如罐头、玻璃瓶和塑料容器等。

（二）连续流动杀菌器

连续流动杀菌器是用于液态或流动性食品（如牛奶、果汁和汤品）的热杀菌设备，这种设备允许食品在密闭管道内流动，同时被加热至所需的杀菌温度。连续流动杀菌器的优点是具有高效率和连续生产能力,非常适合大规模生产。它通常配有精确的温度控制系统,可以根据不同食品的需求调整加热温度和时间。连续流动杀菌器可以采用不同的加热方法,如直接蒸汽注入或间接加热(通过热交换器)。这种杀菌方式能够在保证食品安全的同时,尽量保留食品的营养成分和感官品质。

(三)巴氏杀菌器

巴氏杀菌器是一种用于执行温和热处理的设备,其目的是减少食品中的微生物数量而不是完全灭菌,从而延长保质期并尽量保留食品的原始风味和营养成分。巴氏杀菌通常在较低的温度(通常在 60 ～ 85 ℃)进行,持续时间相对较短。这种方法特别适用于牛奶、果汁和其他易受高温破坏的液态食品。

巴氏杀菌器可以是批处理式或连续流动式。在批处理式巴氏杀菌器中,食品在加热容器中一次性加热,然后快速冷却。而连续流动式巴氏杀菌器允许食品在管道或板式热交换器中流动,同时被加热和冷却。这些系统通常配备有精确的温度控制,以确保达到足够的杀菌效果同时避免过度加热。

第三节　食品微波加热技术

一、微波加热技术的优点

微波是一种电磁波,其频率一般在 300 MHz 和 300 GHz 之间。微波加热依靠电磁波把能量传递到被加热物体的内部,通常使用 2.45 GHz 的频率,这种频率的微波能被食品中的水分子、脂肪和其他极性分子吸收,使分子快速振动并产生热能。微波加热技术已广泛应用于家庭和工业食品加工中,具有以下优点,如图 6-3 所示。

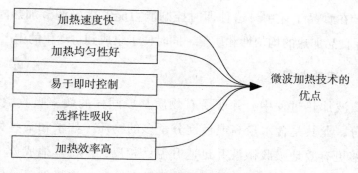

图 6-3　微波加热技术的优点

（一）加热速度快

微波加热通过使被加热物体本身发热来进行内部加热，而不依赖于传统的热传导机制。微波由于能直接作用于物体内部，加速分子的运动，因此可以迅速提高物体的内部温度。与传统的加热方法相比，微波加热大大缩短了所需的加热时间，它通常只需传统方法的 1/100 到 1/10 的时间，就能完成整个加热过程。这种快速加热的特性使微波加热在食品工业中尤为有用，特别是在需要快速处理和加热食品的场合。

（二）加热均匀性好

微波加热技术还具有良好的加热均匀性。由于其工作原理是内部加热，因此微波能均匀穿透物体，使整个物体同时受热，相比外部加热更容易达到均匀加热的效果。这种加热方式避免了传统加热中常见的表面硬化或加热不均等问题，从而确保了食品的整体品质和口感。微波加热的这一特点对于保持食品的整体质感和营养成分尤其重要，避免了局部过热或未热透的问题。

（三）易于即时控制

微波加热的另一个重要特点是其热惯性小，能够实现即时加热和升温，这意味着微波加热可以迅速启动和停止，易于控制加热过程。这种快速响应的特性使微波加热非常适合自动化生产流水线，提高生产效率和灵活性。在食品工业中，这种即时控制能力能够精确调节加热时间和强度，确保食品加热的均匀性和质量，同时便于集成到自动化的生产过程中。

（四）选择性吸收

在微波加热过程中，并非所有物质都以同样的效率吸收微波能量。某些成分，尤其是含水量高或极性分子多的物质（如水和某些类型的食品）能够更有效地吸收微波并迅速升温；相反，一些其他成分（如某种类型的塑料和玻璃）对微波的吸收效率较低。这种选择性吸收使微波加热可以更有针对性地加热特定成分，从而提高产品质量。例如，在加工含有不同成分的复合食品时，我们可以利用这一特性，精确加热特定部分，而不影响其他部分。这种加热方式有利于保持食品的营养成分和感官品质，尤其是在加工多成分食品时。

（五）加热效率高

微波加热在能源利用方面非常高效。虽然微波加热设备的电源部分和电子管本身会消耗一定量的能量，但由于加热作用直接发生在加工物料本身，且微波加热过程基本上不涉及辐射散热，因此整体加热效率非常高。这种高效率意味着在加热过程中能量损失较小，大部分能量直接用于加热食品，从而降低了能源消耗。这对于工业生产尤为重要，因为能源成本在食品加工中占有相当大的比重。高效的微波加热技术不仅有助于降低生产成本，还有助于减少能源消耗，对环境产生积极影响。因此，微波加热技术在现代食品加工中得到了广泛应用，特别是在那些追求高效率和能源节约的生产线上。

二、微波加热的基本知识

（一）微波加热的基本原理

微波是一种电磁波，当它作用于食品时，其特殊的物理特性使食品能够通过分子间的相互作用直接吸收能量并迅速升温。

食品中的许多分子（如水分子）具有偶极子性质，即分子的一端带有正电荷，另一端带有负电荷。在没有外部电场的影响下，这些偶极子在材料中随机分布，无序排列。然而，当外部电场（如微波）作用于这些偶极子时，偶极子会重新排列以对齐电场的方向：正电荷朝向负极，负电荷朝向正极。这样，杂乱、无规则排列的偶极子就变成了有一定取向的、有规则的偶极子，即外加电场给予食品介质中偶极子一定的"位能"。介质分子的极化越剧烈，介电常数越大，介质中储存的能量也就越多。

微波加热使用的频率非常高，通常为 915 MHz 或 2 450 MHz。在这样的高频条件下，电场迅速交替变化，使偶极子也必须快速重新排列以匹配不断变化的电场方向。这个过程会使偶极子快速振动或摆动，分子的这种快速摆动会受到其他分子的干扰，产生类似于摩擦的效应。这种摩擦效应使分子获得能量，最终以热能的形式释放，使食品温度升高。

微波加热效率的高低不仅取决于电场的频率和强度，还与食品介质的特性有关。不同物质的分子结构和电性会影响它们对微波能量的吸收能力。水分含量高的物质往往更容易吸收微波能量。因此，微波加热的效果可以根据食品的成分和特性进行调整，以实现最佳的加热效果。

（二）微波对介质的穿透作用

微波在传输过程中若遇到不同材料的物质，将会如同光波一样产生反射、吸收和穿透现象。在介质内部传输的微波，其部分能量将被吸收而转化为热，波的振幅将按指数关系随深入距离的加大而衰减，即 $A = A_{\max}^{-\alpha x}$（x 为穿透距离，α 为衰减常数）。若介质厚度一定，则从介质出来的衰减后的微波称为穿透微波。

衰减常数 α 是表示微波加热的热效应大小的重要参数。热效应大小可用衰减常数的倒数来表示，即 $D = \dfrac{1}{\alpha}$，D 称为穿透度。由微波振幅衰减公式可知 $\ln \dfrac{A_{\max}}{A} = \alpha \cdot x$，当 $A_{\max} / A = \mathrm{e}$ 时，$x = \dfrac{1}{\alpha} = D$。由此可见，穿透

度实为微波在穿透过程中其振幅衰减到原来的 1/e 处离表面的距离。穿透度的大小也可用下式来计算：

$$D = \frac{\lambda}{\pi\sqrt{\varepsilon_r}\tan\delta} \qquad (6\text{-}1)$$

式中：λ 为微波波长，单位为 m；ε_r 为介电常数，单位为 F/m；$\tan\delta$ 为介电损耗角的正切。

微波的穿透深度与微波波长成正比，与频率成反比。频率越高，波长越短，其穿透力越弱。由于一般物料的 $\pi\sqrt{\varepsilon_r}\tan\delta \approx 1$，微波穿透深度与使用的波长是同一数量级的。微波加热穿透能力强，可以深入物料的内部加热，使物料表里几乎同时升温形成整体态加热。另外，微波的穿透深度还与物质的温度有关。

（三）微波加热的计算公式及影响因素分析

1.食品介质吸收微波功率的温升计算公式

在微波场中，食品介质吸收微波能量并将其转变为热能，其吸收微波功率的计算公式如下：

$$P = 2\pi f\varepsilon_r\varepsilon_0\tan\delta E^2 = 5.56\times10^{-11}f\varepsilon_r\tan\delta E^2 \qquad (6\text{-}2)$$

式中：P 为单位体积介质所吸收的功率，单位为 W/m³；E 为电场强度，单位为 V/m；ε_0 为真空介电常数，其值为 8.854×10^{-12} F/m。

由此可见，物料在微波场中，其单位体积的热能转换取决于微波电场强度的平方、频率以及物料的介电特性等因素。由式（6-2）可以推导出食品物料的温升公式：

$$\Delta T = \frac{5.56\times10^{-11}f\varepsilon_r E^2\tan\delta}{\rho c} \qquad (6\text{-}3)$$

式中：ΔT 为单位时间物料的温升，单位为 K/s；ρ 为物料密度，单位为 kg/m³；c 为比热容，单位为 J/(kg·K)。

2.微波加热的影响因素分析

从计算公式中我们可以看出，影响微波加热的因素有微波频率、电场强度、物料介电系数、物料密度、物料比热容。

（1）微波频率。不同频率的微波能量穿透和加热食品的能力不同。常用的微波加热频率为 915 MHz 和 2 450 MHz，这些频率下的微波能有效地被食品中的水分子和其他极性分子吸收，从而转化为热能。频率越高，微波在单位时间内的变化次数越多，这意味着分子的振动次数增加，产生的热量也就越多，从而加快加热速度。

（2）电场强度。电场强度决定了微波能量的大小，对加热效率有显著影响。电场强度越高，微波加热时提供的能量越大，从而加快食品加热速度。电场强度的调节可以根据不同食品的特性和加热需求进行优化，以实现高效且均匀的加热。

（3）物料介电系数。物料的介电系数反映了物料吸收微波能量的能力。具有高介电系数的物料（如水分含量高的食品）能更有效地吸收微波能量并将其转化为热能。介电系数的高低直接影响加热效果和加热速度，因此在微波加热过程中我们需要考虑食品的水分含量和组成。

（4）物料密度。物料密度对微波加热的均匀性有重要影响。密度不均的食品可能导致微波加热不均匀，使某些区域可能加热过度而其他区域未能充分加热。密度越高的食品，微波穿透能力可能越弱，需要更长的加热时间以确保内部也能充分加热。

（5）物料比热容。由温升公式可知，比热容小的物质温度升高得越快。食品大多是由多种原材料配制而成的多组分混合体系。不同成分具有不同的比热容，从而会有不同的温升速度；不同的组分又呈现不同的介电特性，故有不同的吸收微波功率的能力。因此，在多组分食品的微波加热研究中，我们应该很好地对比热容加以控制，以便使各组分的加热速度达到基本同步的要求。

三、微波加热设备

（一）微波加热设备的类型

1. 箱式微波加热器

箱式微波加热器是一种常见的微波加热设备，它的设计简单且操作方便，适用于家庭和小型食品加工场所。这种加热器通常由一个微波发生器、一个金属密闭箱体和一个控制系统组成。加热过程中，食品被放置在箱体内，微波在箱体中反射，均匀穿透食品，实现快速加热。箱式微波加热器的优点在于其紧凑的设计和使用的便捷性，用户可以根据需要调节微波功率和加热时间，从而适应不同类型和数量的食品加热需求。由于其封闭的加热环境，箱式微波加热器可以减少能量损失，提高加热效率。然而，由于空间限制，箱式微波加热器不适用于大规模的食品加工，通常用于小批量或单件食品的快速加热。

2. 隧道式微波加热器

隧道式微波加热器是为大规模工业食品加工设计的微波加热设备，它由一个长隧道状的加热腔体和多个微波发射器组成，食品在传送带上通过隧道，连续地受到微波的照射和加热。隧道式微波加热器的主要优势在于其连续生产能力和高效率，特别适合流水线作业。它可以连续不断地加热大量食品，非常适合于大批量生产环境。由于微波源可以均匀分布在隧道周围，这种设计有助于实现食品的均匀加热，减少局部过热或未加热区域。隧道式微波加热器通常配备有高度自动化的控制系统，可以精确控制加热时间和微波强度，以满足不同食品的具体加热要求。隧道式微波加热器的初始投资较高，但其高效的生产能力和良好的加热效果使其成为大型食品加工企业的理想选择。

3. 波导型微波加热器

波导型微波加热器是一种利用波导技术传输微波能量的加热设备。

在这种加热器中，微波由发生器产生后，通过特殊设计的波导管道传输至加热腔体。波导管道的作用是有效地导引微波能量，减少能量损失，同时确保微波能量集中于加热腔体内。这种加热器适用于对微波能量分布有特殊要求的应用，如需要在特定区域或对特定物体进行集中加热的场合。波导型微波加热器的优点在于其能够提供高效率和精确控制的微波能量传输，从而实现高效且均匀的加热效果。这种设备通常具有良好的微波泄漏防护，提高了设备的安全性和稳定性。

4. 辐射型微波加热器

辐射型微波加热器主要通过辐射方式传输微波能量。在这种设备中，微波由多个分布在加热腔体周围的微波源发射出来，微波以辐射的形式直接照射到食品上。这种设计使微波能量能够直接作用于食品的表面及内部，从而实现快速和均匀的加热。辐射型微波加热器适用于需要快速加热和表面处理的食品加工（如烘焙、解冻和食品热处理），其优点在于加热速度快，能够快速提高食品的表面温度，适合处理时间敏感或需要快速反应的食品加工操作。

5. 慢波型微波加热器

慢波型微波加热器是一种高效的微波加热设备，其特点是通过慢波结构延长微波在加热区域内的传播时间，从而提高能量转换效率和加热均匀性。慢波结构能够使微波在传输过程中以较慢的速度前进，增加微波与物料的相互作用时间。这种加热器特别适合对加热均匀性和深度有较高要求的场合，如大批量或深层物料的加热。慢波型微波加热器的优势在于能够提供更深层次且均匀的加热效果，减少局部过热和未加热区域，特别适用于体积较大或形状复杂的食品加工。

（二）微波加热设备的选择

1. 选择加热器要考虑的因素

根据被加热食品的种类、形状和生产规模及要求，我们在选择微波加热器时应充分考虑以下几个因素。

（1）加工食品的体积和厚度。选用 915 MHz 可以加工厚度较大和体积较大的食品。

（2）加工食品的含水量及介质损耗。一般加工食品的含水量越大，介质损耗也越大；微波的频率越高，介质损耗也越大。因此，对于含水量高的食品，一般选用 915 MHz；对含水量低的食品，宜选用 2 450 MHz。但有些食品例外，最好由实验决定。

（3）生产量及成本。915 MHz 的磁控单管可获得 30 kW 或 60 kW 的功率，而 2 450 MHz 的磁控单管只能获得 5 kW 左右的功率，而且 915 MHz 的工作效率比 2 450 MHz 高。因此，加工大批食品时，往往选用 915 MHz；也可先用 915 MHz 烘去大量的水，在含水量降至 5% 左右时再用 2 450 MHz。

（4）设备体积。2 450 MHz 的磁控管和波导均比 915 MHz 的小。因此 2 450 MHz 加热器的尺寸比 915 MHz 的小。

2.加热器类型的选定

加热器的类型主要是根据加工食品的形状、数量及加工要求来选定。要求连续生产时，选用有传送带的加热器；小批量生产或实验室试验以及食堂、家庭烹调用场合，可选用箱式加热器；薄片材料一般可选用开槽波导或慢波结构的加热器；较大或形状复杂的物料，为了获得均匀加热，则往往选用隧道式加热器。

四、微波加热技术在食品工业中的应用

（一）食品微波烹调

近年来，微波炉在家庭和商业食品加工中的应用日益普及，这主要得益于其在食品烹调中的诸多优势。微波烹调的一个显著优点是方便快捷，能够在极短的时间内加热或烹饪食品，大大节省了烹饪时间。此外，微波加热能够在一定程度上减少维生素和其他营养成分的损失，这是因为微波加热时间短，温度升高快，减少了营养成分在长时间高温下的分

解。微波烹饪的食品通常质感鲜嫩多汁，这归功于微波的内部加热方式，能够均匀加热食品内部，保持食物的原汁原味。微波炉方便食品可分为两大类：一类是在常温下流通的，这类食品已经过高温杀菌并采用热灌装技术或无菌包装技术包装，在常温下可贮存半年或一年；二是在低温下流通的，这类食品大多以可用微波炉加热和普通炉加热的容器包装。

（二）食品微波干燥

由于微波加热是一种内部加热方式，它在食品干燥过程中创造了与湿度梯度相同方向的温度梯度（从食品中心向表面），促进了水分从物料内部向外部的迁移。与传统干燥方法相比，微波干燥能够更快地从物料内部移除水分，尤其是在后续干燥阶段，微波干燥的速度优势尤为明显。

然而，微波干燥也存在一些缺点，如较高的初始投资和较大的能源消耗。为了克服这些限制，微波干燥通常与其他干燥技术（如热空气干燥、油炸干燥、近红外干燥）结合使用，以发挥各自的优势。在实际应用中，微波干燥往往被应用于干燥过程的最后阶段，这时微波干燥可以更有效地移除残余水分，提高干燥效率，同时保持食品的质量和口感。这种组合方法的使用提高了食品干燥过程的整体效率和效果。

（三）食品微波解冻

微波加热技术在食品解冻领域的应用为食品加工和准备提供了极大的便利。与传统的解冻方法相比，微波解冻的最大优势在于其速度快，能够在几分钟内解冻大多数食品，而传统方法可能需要数小时甚至一整夜。微波解冻可将微波能量直接作用于食品内部的水分子，迅速增加食品温度，从而实现快速解冻。这种方法特别适用于处理时间敏感的食品加工环节和快速餐饮服务。

微波解冻需要精确控制以避免食品局部过热或部分烹饪的情况。不均匀加热是微波解冻的一个挑战，特别是对于厚度不一或形状复杂的食品。因此，在使用微波解冻时，我们通常需要定期翻动食品或调整位置，以确保均匀解冻。尽管存在这些挑战，微波解冻由于其快速和方便的特点，仍然是食品加工和家庭烹饪中广泛采用的解冻方法。

（四）食品微波杀菌和保鲜

微波杀菌的机制主要分为热效应和非热效应，这两种机制共同作用于微生物，实现杀菌的目的。

微波杀菌的热效应利用微波加热使食品温度升高，从而杀死微生物。当微波作用于食品时，食品中的水分子和其他极性分子吸收微波能量，使振动加剧并产生热量。这种加热方式可以迅速提升食品的温度，从而杀灭食品中的微生物，包括细菌、病毒和真菌。微波加热由于可以在较短时间内达到较高的温度，因此它能有效减少营养成分的损失，同时杀灭微生物。热效应是微波杀菌中最主要的机制，适用于大多数微生物，特别是那些对热敏感的微生物。

微波能引起微生物细胞内部极性分子的强烈振动，使细胞膜被破坏，细胞内环境被改变。这种振动可能会干扰细胞内的酶系统，破坏微生物的遗传物质，或者引起细胞内压力的改变，从而使细胞死亡。非热效应通常在微波加热的初始阶段发生，尤其是在低温条件下更为明显。这种效应对于那些可能对热有一定耐受性的微生物特别有效，有助于在不影响食品品质的前提下提高杀菌效率。非热效应虽然不是微波杀菌的主要机制，但它为微波加热技术在食品加工中的应用提供了额外的杀菌手段。

微波杀菌能够针对性地杀灭食品中的微生物，而对食品本身的热损伤较小。这使微波杀菌特别适用于那些对热敏感的食品，如乳制品、水果和果汁。微波加热技术的应用也扩展到了食品的保鲜领域，如用于面包和糕点的防霉处理以及果蔬的保鲜。尽管微波杀菌和保鲜技术的应用存在一定的技术挑战（如需精确控制加热参数以避免过度加热），但两者的高效性和对食品品质的保护使它们成为食品工业中日益受欢迎的技术之一。

第七章 食品膨化原理与技术

第一节 膨化食品概述

一、膨化食品的概念与特点

自 20 世纪 30 年代世界上第一台应用于谷物加工的单螺杆蒸煮机问世以来，膨化技术得到不断发展，膨化食品成为快速发展的一类食品。

膨化是利用相变和气体的热压效应原理，使被加工物料内部的液体迅速升温汽化，并依靠气体的膨胀力带动组分中高分子物质的结构变性，从而使物料成为具有网状组织结构特征定型的多孔状物质的过程。[①] 依靠膨化技术生产的食品统称为膨化食品。常见的膨化食品包括爆米花、薯片、玉米片、谷物早餐食品和某些类型的面包和饼干。膨化食品具有以下特点。

（一）轻盈多孔的结构

在膨化过程中，食品原料在高温和高压的作用下迅速膨胀，使内部结构变得多孔且疏松。这种结构的形成主要是由于原料中的水分迅速蒸发并膨胀，使食品体积增大，密度降低。多孔的结构使膨化食品具有轻

---

① 武杰，何宏. 膨化食品加工工艺与配方 [M]. 北京：科学技术文献出版社，2001：1.

盈的口感，易于咀嚼和消化，同时为食品带来独特的风味体验。这种结构的形成对于膨化食品的感官品质至关重要，使膨化食品在休闲食品市场中特别受欢迎。

（二）良好的消化和吸收性能

通过膨化加工，食品中的淀粉和蛋白质结构发生改变，这些变化有助于提高食品的消化率和营养成分的可利用性。在膨化过程中，复杂的碳水化合物和蛋白质分解成更易被人体消化和吸收的形式。膨化过程还可以破坏食品中的某些抗营养因素（如植酸和某些蛋白质抑制剂），进一步提高食品的营养价值。因此，膨化食品不仅提供了愉悦的食用体验，还有助于营养的吸收和利用。

（三）风味和口感的多样性

膨化食品在风味和口感上具有丰富的多样性。膨化过程中的高温加工有助于形成丰富的风味，如通过美拉德反应产生的烘焙风味。多孔的结构使膨化食品能够更好地吸收和保留调味料，从而创造出多种口味。膨化食品的脆弱口感为消费者提供了独特的食用体验，这种口感既可以是酥脆的，也可以是松软的，具有极高的适应性和灵活性。

（四）储存便利

由于其轻盈且多孔的结构，膨化食品在包装和运输过程中更加经济、高效，因为它们占用的空间较少且重量轻。膨化过程中的高温处理也有助于延长食品的保质期，减少微生物污染的风险。这些特点使膨化食品在市场上具有较高的竞争力，适应了快节奏生活方式下人们对于便捷食品的需求。

二、膨化食品的分类

膨化食品由于营养保留率高、易于消化、食用方便、口感好、适合不同年龄的消费群体，因此其产品种类繁多。膨化食品的常用分类方法有按加工原料分类、按产品的食用特点分类、按产品的膨化度分类、按膨化技术方法分类、按加工工艺过程分类等。

（一）按加工原料分类

膨化食品按照加工原料的不同可以分为以下几类。

1. 淀粉类膨化食品

这类膨化食品主要以玉米、大米、小米、马铃薯等富含淀粉的原料为基础。淀粉类膨化食品的特点是在膨化过程中，高温和高压作用使淀粉发生糊化，进而形成具有特定结构和质感的产品。这些食品通常具有良好的膨胀性、蓬松的口感和较长的保质期。常见的淀粉类膨化食品包括各种膨化谷物、玉米片和薯片等。

2. 蛋白质类膨化食品

以大豆蛋白、花生蛋白、玉米蛋白、小麦蛋白、马铃薯蛋白等植物蛋白或鱼肉、畜禽肉等动物蛋白为原料的膨化食品属于蛋白质类膨化食品。这类膨化食品不仅提供了丰富的蛋白质，还通常具有更好的口感和营养价值。它们经常被用作健康食品或特殊营养需求的食品，如素食肉类替代品和营养补充品。

3. 淀粉和蛋白质混合的膨化食品

将富含淀粉和蛋白质的动植物原料混合加工而成的膨化食品结合了淀粉类和蛋白质类食品的特点，这类膨化食品在保持蓬松口感的同时，提供了更均衡的营养价值。它们通常用于生产高能量、高营养的食品，适合各个年龄段和具有特殊营养需求的人群。

4. 果蔬类膨化食品

果蔬类膨化食品以水果和蔬菜为原料，通过膨化加工提升食品的口感并延长保存期。这类食品通常具有较高的纤维含量和丰富的天然营养成分。果蔬膨化食品的加工不仅提升了食物的多样性和风味，还有助于提高水果和蔬菜的储存和运输效率。常见的果蔬膨化食品包括蔬菜脆片和水果干等。

（二）按产品的食用特点分类

根据产品的食用特点，膨化食品可以分为以下几类。

1.即食膨化食品

即食膨化食品是可以直接食用的膨化产品，无须任何加工或准备。这类食品因其方便性和美味，深受消费者喜爱。典型的即食膨化食品包括爆米花、薯片、雪饼、锅巴等。这些食品通过膨化技术处理，不仅具有独特的口感和风味，还便于携带和储存，非常适合作为休闲零食。即食膨化食品的多样化和便捷性使其成为当今食品市场上比较受欢迎的一类产品。

2.速溶膨化食品

速溶膨化食品通常是粉末状的产品，具有良好的速溶性，可以迅速溶解在热水中。这类食品包括速溶藕粉、速溶薯粉等，通常用作饮品或烹饪的辅料。速溶膨化食品的优势在于它们的便捷性和快速准备时间，只需加入热水，即可迅速转变成饮品或食品的一部分。这种膨化食品在现代快节奏生活方式中极具吸引力，为消费者提供了一种快速、方便的营养补充方式。

（三）按产品的膨化度分类

按照产品的膨化度，膨化食品可以分为以下两类。

1.轻微膨化食品

轻微膨化食品是指经过轻度膨化处理的食品，这类食品的膨化程度较低，保留了较多的原始食材特性。典型的轻微膨化食品包括植物组织蛋白（通常被称为人造肉）和锅巴等。这类膨化食品的特点在于其质地比全膨化食品更加紧密和坚实，同时保留了更多的原始食物纤维和营养成分。轻微膨化食品通常用于模拟肉类产品的质感，或作为具有特殊口感需求的食品，其在食品工业中的应用非常广泛，特别是在素食产品和健康食品领域。

2.全膨化食品

全膨化食品是指经过充分膨化处理的食品，这类食品具有高度的膨胀性和轻盈的质感。典型的全膨化食品包括玉米膨化果、麦圈等。这些食品在膨化过程中体积显著增大，密度减小，形成独特的蓬松和脆弱的结构。全膨化食品的主要特点是其极佳的口感（如松脆和易咀嚼），这使全膨化食品在休闲食品市场中极受欢迎。由于其高度的膨胀性，这类食品通常具有更高的消化率和较长的保质期，适合作为零食或早餐谷物食用。

（四）按膨化技术方法分类

膨化食品根据膨化加工技术方法可以分类为以下几类。

1.挤压膨化食品

挤压膨化食品是通过螺杆挤压机进行膨化生产的食品。在这个过程中，原料在高压和高温的条件下被挤压而快速膨胀并形成多孔结构。这种膨化方法适用于各种谷物和淀粉类食品，常见的挤压膨化食品包括麦圈、虾条等。挤压膨化食品的特点是可以通过调整挤压机的参数来控制产品的形状、大小和质地，从而生产出多样化的膨化食品。

2.焙烤型膨化食品

焙烤型膨化食品分为两类：一类是利用传统焙烤设备加工的食品，如雪饼、饼干等；另一类是利用微波技术进行膨化加工的食品，如虾片、薯片和膨化米等。传统焙烤膨化食品通过在烘炉中加热使食品膨胀，微波膨化则利用微波的热效应和非热效应使食品迅速膨胀。焙烤型膨化食品通常具有较低的水分含量，从而具有较长的保质期。

3.油炸膨化食品

油炸膨化食品是通过油炸工艺进行膨化加工的，根据温度和压力的不同，可分为高温油炸膨化食品和低温真空油炸膨化食品。油炸膨化食品的特点是口感酥脆，风味独特，但由于使用油炸工艺，这类产品的油脂含量较高。

4.气流膨化食品

气流膨化食品是指采用气流膨化技术加工的膨化食品，如蔬菜脆片和脱水蔬菜等。在气流膨化过程中，热空气或蒸汽被用来快速加热食品，使食品内部水分迅速蒸发并造成膨胀。这种方法特别适用于生产轻质、低油脂含量的健康膨化食品，如蔬菜和水果类零食。气流膨化食品因其低脂肪和高纤维的特性而越来越受欢迎。

（五）按加工工艺过程分类

根据膨化加工工艺过程的不同，膨化食品可以分为直接膨化食品和间接膨化食品两大类。

1.直接膨化食品

直接膨化食品也称为一次膨化食品，是通过直接膨化法生产的食品。直接膨化法是将原料直接暴露于高温高压的环境下，使原料迅速膨胀并形成膨化产品的一种方法。典型的直接膨化食品包括爆米花和玉米酥等。直接膨化食品的特点是生产过程简单、快捷，能够在短时间内实现原料的快速膨胀。这种方法适用于那些能够忍受高温高压并且容易膨胀的原料，如玉米和大米等谷物。

2.间接膨化食品

间接膨化食品又称为二次膨化食品。间接膨化是指原料首先被加工成具有一定含水率的坯料，然后再进行膨化加工的一种方法。间接膨化食品的加工过程相比直接膨化更为复杂，但它可以对最终产品的质地、形状和风味进行更多的控制。这种方法适用于那些直接膨化处理难以达到理想状态的原料，或需要更精细控制产品特性时。间接膨化食品在市场上同样占有重要地位，满足了不同口味和质地需求的消费者。

第二节 挤压膨化技术

一、挤压膨化原理

挤压膨化技术是食品加工中一种重要的方法，主要涉及多个阶段的连续过程，包括输送、混合、压缩、剪切、熔融、均压和喷爆等。这些阶段虽然不是截然分开的，但每个环节都对最终产品的质量有着至关重要的影响。

当食品原料进入挤压机后，螺杆的旋转会产生强制推送作用，使物料向前移动。此时，物料以颗粒状在螺旋槽内流动，不断翻转并混合，物料颗粒间的差异会产生不同的运动速率，促进混合效果。随着物料继续前进，螺杆和筒体间隙变小，物料被压缩和破碎，但尚未产生明显的内部剪切。

物料进入挤压机的末端时会遇到模头的阻碍，螺距的内容积逐渐变小，物料压力增大。物料间的摩擦和外部加热作用使温度迅速升高，部分物料开始熔融，从固态变为半固态或液态，水分汽化或过热。这一过程中物料发生化学反应和质构重组，"蒸煮"效果使物料产生膨化。

在挤压过程的最后阶段，物料在螺杆推动下继续前进，剪切和摩擦作用进一步加剧，物料的压力和温度达到最大。物料在模头处完全熔融，以黏稠流体形式被挤出，这一过程积累了大量能量，水分过热。物料从模头挤出后会迅速释放至常压，过热水分瞬间汽化，产生强烈膨胀，物料体积急剧增大，形成多孔结构。水分的快速蒸发带走了热量，使物料温度迅速降低，含水率下降，最终形成膨化食品。

二、挤压膨化设备

（一）挤压机的分类

挤压机是挤压设备中的一类。挤压机种类多，有些虽然不能直接膨化，但可与其他的膨化设备组合加工膨化食品。下面简要介绍挤压膨化设备的分类。

1.按螺杆根数分类

（1）单螺杆挤压机。单螺杆挤压机是最基本的类型，它配备一根挤压螺杆。这种挤压机通过螺杆和套筒之间的摩擦来输送物料，并在此过程中产生一定的压力。单螺杆挤压机的主要优点在于其结构简单、工作可靠、操作和维护方便；它的主要缺点在于混合能力较差和作用强度低。这种挤压机适用于对混合和剪切要求不高的应用场景。

（2）双螺杆挤压机。双螺杆挤压机配有两根螺杆，这两根螺杆共同完成挤压作业。这种类型的挤压机利用正相位移原理来输送物料，有效地避免了单螺杆挤压机在工作时可能出现的物料回流现象。与单螺杆挤压机相比，双螺杆挤压机具有更强的剪切混合能力和较高的容积效率，这使双螺杆挤压机更适合于对混合和剪切有较高要求的应用，如复杂配方的食品加工和高分子材料的合成。

2.按受热方式分类

在挤压机的分类中，根据受热方式的不同，我们可将挤压机分为自热式挤压机和外热式挤压机。

自热式挤压机主要依靠挤压过程中产生的热量来加热物料。这种类型的挤压机在工作时，物料通过螺杆的挤压和摩擦以及物料与机筒的摩擦产生热量，从而实现物料的加热和熟化。自热式挤压机的优点在于能效高，因为它减少了额外加热的需求。这种类型的挤压机通常结构更为简单，维护和操作也较为方便。自热式挤压机的一个主要缺点是温度控制较为困难，因为热量的产生完全依赖于挤压过程本身，这可能导致加工温度不稳定，影响产品质量。

外热式挤压机通过外部热源来加热物料。这种挤压机装有加热元件（如电加热器或蒸汽加热器），可以对物料进行精确的温度控制。外热式挤压机的优点在于可以实现更加精确和均匀的温度分布，这对于那些对加工温度有严格要求的物料来说尤为重要。外热式挤压机也能够处理那些不易通过摩擦产生足够热量的物料。不过，这种挤压机的能耗相对较高，因为它需要额外的能源来加热物料，且设备的初始投资和维护成本也可能更高。

3. 按剪切力分类

按照剪切力的不同，我们可以将挤压机分为高剪切力挤压机和低剪切力挤压机。

（1）高剪切力挤压机。高剪切力挤压机可以在挤压过程中提供较高的剪切力和压力。这类设备通常配有特殊设计的螺杆（如反向螺杆段）以增加物料的挤压和剪切作用。高剪切力挤压机的转速和挤压温度也相对较高，这有助于改善物料的加工效率和产品的质量。然而，由于其剪切力较强，这种类型的挤压机在加工形状复杂的产品时可能遇到困难。因此，它更适合生产形状简单的产品，如一些食品和塑料制品。高剪切力挤压机主要用于那些需要高剪切作用以实现良好混合、熟化或分解的应用。

（2）低剪切力挤压机。相对而言，低剪切力挤压机的剪切力较低，主要用于混合、蒸煮和成型工艺。这类挤压机适用于含水率较高、黏度较低的物料加工，尤其适合加工形状复杂的产品。低剪切力挤压机提供的温和剪切作用有利于保持产品的成型率和质量，同时减少对物料的损伤。这种类型的挤压机广泛应用于食品和生物材料加工领域，尤其是需要保持物料结构完整性和营养成分不被破坏的场合。低剪切力挤压机的设计实现了更多样化的产品形状和更高的生产灵活性。

4. 按功能分类

按照不同功能，挤压机可以分为挤出成型机、挤压熟化机和挤压膨化机。

挤出成型机主要用于生产结构致密、均匀的未膨化成型产品。这类设备的螺杆结构具备较大的加压能力，能够处理塑性物料，如某些类型的塑料和食品原料。为了防止物料过热，挤出成型机采用了特殊的冷却系统，如通过夹层套筒或空心螺杆内通入冷却水的方法来控制温度。这类设备通常用于生产需要后续加工的中间产品，如塑料制品的初步成型或食品加工中的预成型产品。挤出成型机的主要优势在于其能够精确控制产品的形状和尺寸，同时确保产品质量的一致性和重复性。

挤压熟化机又称为挤压蒸煮机，主要利用挤压机的加热和蒸煮功能来生产未膨化的糊化产品。这类设备广泛应用于食品工业，如生产即食谷物、植物组织蛋白和小吃食品等。挤压熟化机的特点是具有良好的操作性和灵活性，能够处理多种原料并通过调整参数来适应不同产品的生产需求。这种类型的挤压机在加工过程中能够保持物料的营养成分，并通过热处理改善食品的消化吸收率和风味。

挤压膨化机专为生产膨化产品而设计。这类设备在挤压过程中能够迅速将物料加热到 175 ℃以上，使淀粉等成分流态化。物料在被挤出模孔时，会因压力骤降而膨胀，形成疏松质地的产品，如膨化食品和某些轻质材料。挤压膨化机的关键特点是能够在短时间内实现物料的高温处理和快速膨化，从而生产出具有特定质地和风味的产品。此类设备在食品工业中非常重要，用于生产各种膨化食品，如薯片、谷物早餐食品和其他零食。

（二）挤压机的构成

尽管挤压机的形式有多种，但主要构成基本相同，主要包括挤压系统、传动系统、模头系统以及温控系统，每个系统都发挥着不可或缺的作用。

挤压系统是挤压膨化机的核心部分，主要由螺杆、套筒和机座组成。螺杆是加工过程中的关键部件，负责推动物料在机筒内前行，同时通过剪切和压力作用使物料发生物理和化学变化。套筒作为螺杆的外壳，与螺杆共同形成物料加工的空间。机座则提供了整个挤压系统的支撑，确保挤压系统稳定运行。挤压系统的设计和操作参数直接影响着物料的加工效果和最终产品的质量。

传动系统的主要作用是驱动螺杆转动，以确保挤压系统的正常运作。这一系统通常由电动机和减速器组成，电动机提供动力，减速器则用于调节螺杆的转速和扭矩。传动系统的性能直接影响挤压机的输出能力和加工效率，因此选择合适的电动机和减速器对于保证挤压机稳定高效地运行至关重要。

模头系统起到形成挤压膨化产品特定形状和建立模头前压力的作用。这一系统主要由模座、分流板和成型模头组成。模座与套筒相连接，确保模头的固定；分流板用于引导和分配物料流；成型模头则负责形成产品的特定形状。模头系统的设计对于产品的形状、大小以及表面特性等有重要影响。

温控系统用于调节挤压机内部的温度，以确保物料在加工过程中的温度适宜。这个系统可以通过在夹层套筒内通入蒸汽或冷却水来加热或冷却套筒，也可以采用电热元件加热套筒。在某些先进的设计中，螺杆可以做成中空的，用于加热或冷却物料。温控系统对于控制加工过程中的物料特性和质量至关重要，特别是在需要精确控制温度的应用中。

三、挤压膨化食品的加工工艺

挤压膨化食品是指将原料经粉碎、混合、调湿后送入挤压机，物料在挤压机中经高温蒸煮并通过特殊设计的模头挤出膨化成型的一类食品。实际生产中一般还需将挤压膨化后的食品再经过烘焙或油炸等处理以降低食品的水分含量，延长食品的保藏期，并使食品获得良好的风味和质构。为获得不同风味的膨化食品，我们还可对食品进行调味处理，然后在较低的空气湿度下，使膨化调味后的产品冷却后立即进行包装。

挤压膨化食品的加工工艺流程主要包括以下步骤。

（一）原料处理

原料是制作膨化食品的基础，通常包括谷物、豆类或土豆等。原料处理需要对原料进行粉碎，将原料磨成粉末，以便于后续混合和加工。原料的选择和处理对最终产品的质量有重要影响。

（二）混合和调理

粉碎后的原料需要与其他成分（如水、盐、糖、调味料等）混合，以达到适当的湿度和均匀性。调理步骤对确保物料在挤压过程中的一致性至关重要。

（三）挤压蒸煮和膨化

混合后的物料需要送入挤压机。在挤压机中，物料在高温、高压和剪切力的作用下进行蒸煮和膨化。淀粉等成分在这一过程中发生物理和化学变化，使物料迅速膨胀并形成特定的质地。挤压机的设计和操作参数（如温度、压力、螺杆速度等）对产品的质量有决定性影响。

（四）切割

膨化后的物料通过特殊设计的模头挤出，并在挤出后立即被切割成预定的大小和形状。

（五）后处理（焙烤或油炸）

切割后的产品通常需要进一步处理以降低水分含量，这通常通过焙烤或油炸实现。这一步骤不仅有助于延长产品的保质期，还能够赋予食品更丰富的风味和更佳的口感。

（六）冷却和调味

处理后的产品需要冷却，并根据需要进行调味。调味可以赋予产品多种不同风味，满足不同消费者的口味需求。

（七）称重和包装

加工后的食品需要进行称重并包装。包装不仅可以为食品提供保护，延长其保质期，还起到了市场营销的作用。

挤压膨化食品的加工工艺流程虽然基本相同，但针对不同类型的产品，其具体的配方、工艺参数和加工步骤可能会有所不同。这些差异取决于原料的类型、所需的产品质地、风味和营养价值等因素。因此，对于特定的挤压膨化食品，厂家需根据产品特性和市场需求，对加工工艺进行精细调整，以确保产品质量并满足消费者的需求。

四、挤压膨化技术在食品工业中的应用

（一）膨化小食品的加工

膨化小食品（如膨化谷物、薯片、玉米片等）是挤压膨化技术在食品工业中的一大应用领域。这类产品通常以玉米粉、小麦粉、大米粉等谷物为主要原料，通过挤压膨化技术加工而成。在生产过程中，我们首先将谷物原料进行粉碎，然后将其与水、调味料等混合并调节到适当的湿度和黏度。混合好的物料随后被送入挤压机，在高温、高压的环境下进行加工。物料在挤压机中受到剪切和压力作用，使淀粉等成分发生变性，物料体积膨胀，形成独特的膨松质地。经过挤出成型后，产品一般需要进行烘焙或油炸处理以降低水分含量，提升口感，并通过调味增加风味多样性。最后，产品经过冷却、包装后即成为市场上流行的膨化小食品。这一过程不仅能增加食品的贮存期限，还能赋予产品多样化的口味和形状，满足消费者的需求。

（二）膨化速溶粉的加工

膨化速溶粉（如速溶土豆粉、速溶玉米粉等）是另一类应用挤压膨化技术的食品。这种产品的生产过程首先涉及原料的选择和预处理，如土豆或玉米等原料需经过清洗、去皮、磨粉等步骤；接着，将这些粉末

与适量的水混合，形成均匀的湿混合物，此混合物会被送入挤压机，在高温、高压的条件下加工，在这一过程中，淀粉等成分发生糊化，物料体积膨胀，形成具有独特质地的粉末；膨化后的物料经过冷却和干燥，最终磨碎成细粉。这种速溶粉具有良好的溶解性和独特的口感，广泛应用于快速食品、汤料和烹饪辅料中，其生产过程不仅提高了产品的易用性和便携性，还能增强食品的口感和营养价值。

（三）速食米粥的加工

速食米粥是一种便捷、营养的即食食品，其生产过程也充分利用了挤压膨化技术：首先选择适宜的大米品种，将其进行清洗、浸泡、磨碎等预处理步骤，处理后的大米粉与水混合并调整到合适的湿度；然后这一混合物会被送入挤压机，在特定的温度和压力条件下进行加工，在挤压膨化过程中，大米粉的淀粉发生糊化，物料膨胀并形成疏松的结构；挤压后的物料通常需要经过一系列后续处理（如干燥、冷却），还需根据产品特性添加各种营养成分和调味料。经过这些步骤，最终形成的速食米粥具有快速烹饪的特点，只需简单加热或用热水冲泡即可食用。速食米粥的生产过程不仅提高了产品的便利性，还保留了米粥的营养价值和传统口感。

第三节　微波膨化技术

一、微波膨化原理与过程

（一）微波膨化原理

微波膨化技术是一种先进的食品加工方法，它利用微波的热效应实现食品的快速膨化。与传统的加热方式相比，微波加热有其独特的优势。在传统加热中，热量通常从物体的表面向内部传递，水分蒸发也是由外向内进行。微波加热则能够对物料进行整体加热，实现内外同时加热的效果。

微波本身并不产生热量，而是在被物料吸收后才转换成热能。物质中的分子多为电中性，但在电场的作用下，它们可以极化并形成带有正、负两极的极性分子。在交变电场中，这些极性分子会随着电场方向的变化而产生摆振。微波作为高频电磁波，其频率极高，使极性分子在电场中以极快的速度改变方向并摆振。这种摆振使分子间发生剧烈的碰撞和摩擦，从而产生大量的热量。

微波膨化的过程中，微波可以深入物料内部，迅速将水加热，使物料内部的水分快速蒸发，形成较高的内部蒸汽压力。这个过程会使物料膨胀。同时，物料中的高蛋白、高淀粉或高果胶等化学组分在加热后会发生熟化，形成较好的成膜性。这种成膜性有助于包裹气体，产生气泡。由于气泡内的水分和空气难以排出，这些气泡在物料内部积聚，从而产生显著的膨化效果。

（二）微波膨化过程

微波膨化过程主要分为三个阶段，即升温阶段、相变阶段和固化阶段。

1.升温阶段

在微波膨化过程的升温阶段，物料内的水分首先吸收微波能量并迅速升温。此时，水分尚未达到汽化温度，因此物料的体积并没有显著变化，膨化程度较小，其增加速率也相对较慢。除了水分的加热，物料中的其他成分（如淀粉和蛋白质）也开始逐渐变性。这个阶段对物料的后续膨化过程至关重要，因为淀粉和蛋白质的变性为物料的结构变化奠定了基础。此阶段的温度控制需精确，以确保微波能量充分渗透物料，同时避免过热或局部烧焦。

2.相变阶段

在相变阶段，物料达到水分汽化的温度后，内部水分开始急速汽化，产生强大的蒸汽压力，使物料体积急剧膨胀。此时，大量水蒸气逸出，物料迅速升温至 100 ℃以上。但随着水分的持续蒸发，物料的温度会保持在 100 ℃左右，因为蒸发过程吸收了大量热量。这一阶段是微波膨化过程中最关键的部分，物料的体积和质地发生显著变化，形成了膨化食品的基本结构。物料在此阶段的膨胀程度和速率直接影响最终产品的质量。

3.固化阶段

在固化阶段，当水分充分逸出后，物料的温度开始升高，此时物料在高温下干燥并逐渐固化。这一过程中形成的微孔结构是膨化食品的典型特征，能够赋予产品疏松、脆弱的质感。适当增大微波强度可以加快膨化过程中膨化度的增加速率，并缩短膨化时间。固化阶段的控制对于确保膨化产品的稳定性和口感至关重要。此阶段需仔细监控温度和时间，以确保物料干燥固化但不过度烧焦。

二、微波膨化设备

微波膨化设备是实现微波膨化加工的关键工具，不同类型的设备适用于不同的生产需求和规模。以下是三种常见的微波膨化设备。

（一）家用微波膨化设备

家用微波膨化设备适用于制作少量的微波膨化食品，如自制膨化小吃、爆米花等。这种设备一般体积较小，便于放置在家庭厨房中。家用微波膨化设备的操作相对简单，用户只需将含有一定水分的食品原料放入设备中，设置适当的微波功率和时间，即可实现快速膨化。家用微波膨化设备的微波功率相对较低，但对于小批量生产而言已足够。这类设备通常具有多种加热模式和自动化控制功能，方便用户根据不同食品的需求进行调整。它为消费者提供了一种方便、快捷的方式，使人们在家中就能享受健康、美味的微波膨化食品。

（二）商用微波膨化设备

商用微波膨化设备适用于餐饮业和小型食品加工厂，其设计可以满足较高的生产效率和连续运作需求。相较于家用微波膨化设备，商用微波膨化设备通常具有更高的微波功率和更大的加工容量，能够持续、稳定地生产大量膨化食品。这类设备通常配有高级控制系统，可以精确调节微波强度、加热时间和温度，以适应不同食品的膨化要求。商用微波膨化设备通常也具备更高的耐用性和安全性，能够适应更为频繁和长时间的使用。此外，商用微波膨化设备往往具有更高的能源效率和生产效率，适用于需要大量且快速生产膨化食品的商业环境。

（三）工业级微波膨化生产线

工业级微波膨化生产线是大规模食品制造业中的关键设备，用于大批量生产各类微波膨化食品，如膨化谷物、薯片、膨化蛋白质产品等。这种生产线通常包括自动化的物料输送系统、高效能的微波发生器、精密控制的加热腔体以及连续的冷却和包装系统。工业级生产线的特点是其高度自动化和大容量处理能力，能够在保证产品质量的同时，实现高效率的生产。这类设备具备高度定制化的特性，可以根据不同的产品要求和工艺流程进行设计和调整。工业级生产线的应用极大地提高了微波膨化食品的生产效率和规模，对现代食品工业的发展起到了关键作用。

三、微波膨化食品的加工工艺

微波膨化适用的原料种类和产品形态多样，因此加工工艺也有较大差别。总结不同原料的微波膨化加工工艺的共性特征，微波膨化主要有针对粉状物料和块（片）状物料的两种加工工艺。

（一）粉状物料的微波膨化食品加工工艺

粉状物料的微波膨化食品加工的工艺流程如下。

第一，原料。所用原料为干粉，干粉的分散性好，有利于形成均匀的膨化食品组织。原料通常由两种或两种以上食品物料构成。

第二，混合。将不同的粉料混合均匀，以提高后续工作的生产效率和产品质量。

第三，调湿。向混合料中加入适量的水，以保证蒸煮时物料充分糊化、变性。

第四，揉捏。通过机械捏合，促进物料对水分的吸收，提高物料的塑性和黏弹性。

第五，蒸煮。一般采用水蒸气蒸煮一定时间，使淀粉等高分子组分糊化、变性。

第六，辊轧。蒸煮好的物料冷却后，用轧面机等充分辊轧成一定厚度的片带。

第七，切分。由于微波具有反射及衍射的特性，对不同几何形状物料的作用不同，膨化时会产生尖角效应，易导致膨化不均匀和局部焦煳，因此需将片带切分成一定规格的坯料，通常以圆片为好。

第八，预干燥。采用热风干燥等方法，将坯料的含水率降低至满足微波膨化要求的范围。

第九，水分均衡。经预干燥的坯料含水率不均匀，若直接进行微波膨化易导致膨化不均匀，因此需将预干燥的坯料置于常温、密闭的空间中，保持一定时间，使坯料中的水分均匀分布。

第十，微波膨化干燥。以一定强度微波加热坯料一定时间，使之膨化、干燥。

第十一，冷却。膨化干燥后，应迅速冷却，避免产品吸湿。

该工艺主要适用于以富含淀粉、蛋白质的粉料为主要原料，可辅以果蔬粉等的休闲食品加工。

（二）块（片）状物料的微波膨化食品加工工艺

以水果、蔬菜等为原料，经切块或切片加工的微波膨化食品较好地保留了原料本身特有的品质特征，是一类深受消费者青睐的非油炸膨化果蔬产品，其工艺流程如下：原料→去皮切块（切片）→护色→蒸煮→预干燥→水分均衡→微波膨化干燥→冷却→产品。

与粉状物料的微波膨化食品加工工艺相比，该工艺的不同之处在于：选择新鲜、无虫蛀、无霉变的水果、蔬菜、薯类等为加工原料；较厚、不易膨化或不能食用的表皮应去除，并以清水清洗；许多新鲜果蔬在加工过程中易发生褐变，因此可采用热烫或添加护色剂等方法对切分的物料进行护色处理，防止褐变发生；对于不能鲜食的原料（如马铃薯、甘薯等），应进行蒸煮处理，使之熟化。

四、微波膨化技术在食品加工中的应用

（一）微波膨化米饼的加工

微波膨化米饼的加工开始于优质大米的选择和处理。大米经过精细磨制成粉，然后按照一定比例与水混合，形成湿混合物。这个过程中还可以加入适量的调味剂或其他辅料（如盐、糖或草药粉），以增加米饼的风味。混合好的物料通过辊压机辊压成薄片，并切割成预定形状，通常为圆形或方形。这些未膨化的米饼坯料随后被送入微波膨化设备中进行膨化处理。在微波作用下，米饼被迅速加热，内部水分蒸发形成高压，使米饼体积膨胀，并快速干燥成型。微波膨化不仅为米饼提供了蓬松的质地和酥脆的口感，还显著缩短了加工时间。加工完成后的米饼冷却后即可包装，成为一种健康、美味的休闲食品。

（二）微波膨化苹果脆片的加工

微波膨化苹果脆片的加工以新鲜苹果为原料。苹果经过清洗、去核、切片等预处理步骤后，被切割成均匀的薄片。这些苹果片可以在微波膨化前进行一定的预处理，如浸泡在含有柠檬汁的水中以防止氧化变色。之后，苹果片被平铺在微波膨化设备的托盘上，进行快速膨化处理。在微波的作用下，苹果片中的水分迅速蒸发，同时高温作用使苹果片的糖分发生焦糖化反应，形成焦糖风味。微波膨化处理不仅保留了苹果片的营养成分，还增加了其脆性和香气。膨化后的苹果片经过冷却和干燥处理，即成为一种美味的健康小食。

（三）微波膨化玉米片的加工

微波膨化玉米片以高质量的玉米粉为原料。玉米粉经过精细磨制并与水、盐以及其他可能的调味剂混合，形成一个均匀的湿混合物。这个湿混合物接着被送入挤压机中，形成长条状，然后通过切割机切割成小片。这些切割后的玉米片坯料随后被均匀铺设在微波膨化设备的托盘上进行膨化处理。在微波作用下，玉米片被迅速加热，内部水分蒸发，形成高压，使玉米片迅速膨胀并干燥。这一过程中，淀粉和其他成分发生变性，赋予玉米片独特的质地和口感。微波膨化的玉米片不仅具有良好的脆性和香气，还保留了玉米的原始营养成分。完成膨化处理后的玉米片经过冷却、包装，成为市场上受欢迎的休闲食品。

（四）微波膨化谷物早餐食品的加工

微波膨化技术在制作谷物早餐食品中也得到了广泛应用。这种加工通常以多种谷物（如燕麦、小麦、玉米等）为原料。这些谷物原料经过预处理（如清洗、烘干、粉碎等）后被混合均匀，混合过程中可以加入糖、蜂蜜、水果干或坚果等辅料以增强风味。混合后的物料被送入挤压机中挤压成片状或条状，然后通过微波膨化设备进行快速加热和膨化。微波加热使谷物中的水分快速蒸发，同时使淀粉和蛋白质发生变性，形成蓬松多孔的结构，这一过程不仅提高了食品的消化吸收率，还赋予产品独特的口感。微波膨化后的谷物早餐食品经过冷却和包装，成为营养丰富、方便快捷的早餐选择。

第四节　油炸膨化技术

一、油炸膨化原理

油炸膨化食品的生产主要以面粉、玉米淀粉和薯类淀粉为原料。加工过程需要先对食品原料进行蒸煮，蒸煮可以使原料中的淀粉发生糊化。在糊化过程中，淀粉分子间的氢键断开，水分进入淀粉微晶的间隙中，使淀粉快速且大量地不可逆地吸收水分。接着物料需要进行冷却处理，淀粉会再次发生变化，即老化。在老化过程中，淀粉颗粒高度晶格化，包裹住在糊化阶段吸收的水分。后续的油炸膨化过程是形成产品特有的多孔疏松结构的关键。在油炸过程中，高温使淀粉微晶粒中的水分迅速汽化并喷出，产生的蒸汽压力使食品迅速膨胀，形成多孔疏松的结构。油炸膨化过程还可以使用膨松剂（如碳酸氢钠或碳酸氢铵），这些膨松剂会在高温下分解产生大量气体，进一步促进食品形成更为疏松的结构。

　　整个油炸膨化过程不仅涉及淀粉的化学变化，还包括物理过程，如水分的汽化和气体的生成。这种结合了化学和物理作用的过程使油炸膨化食品具有特别的质地和口感，同时保留了原料的营养成分。油炸膨化技术因其独特的效果在食品加工行业中应用广泛，尤其在休闲食品领域。

二、油炸膨化方式及设备

（一）油炸膨化方式

　　根据油炸环境气压的高低，油炸膨化方式可分为常压油炸膨化和低温真空油炸膨化。

　　1.常压油炸膨化

　　常压油炸膨化可分为纯油油炸膨化和水油混合油炸膨化。

　　（1）纯油油炸膨化。纯油油炸膨化是一种使用单一食用油进行油炸的膨化方式。在这种方式中，油炸锅或油炸机仅装满食用油（如植物油或动物油），没有水的参与。原料被直接浸入预热的油中进行加工。在高温油炸的过程中，食品原料中的水分快速蒸发，形成蒸汽压力，促使食品迅速膨胀并形成多孔结构。纯油油炸膨化的温度通常较高，一般为150～190℃，能够快速完成膨化过程，赋予产品酥脆的口感和金黄的色泽。这种方法的优点是油温容易控制，食品膨化速度快，色泽和口感较为理想。然而，它也存在一些缺点，如食品可能吸收较多的油脂，从而增加了食品的热量和油腻感，同时对油质的管理要求较高，以避免过度氧化和产生有害物质。

（2）水油混合油炸膨化。水油混合油炸膨化是一种在油炸过程中同时使用水和油的技术。这种方法通常采用特制的油炸设备，底部为水层，上层为油层。在加热过程中，水在底部形成蒸汽，上层的油则用于油炸。当食品原料下入油层时，水分蒸发产生的蒸汽穿过油层，带走一部分热量，减少了食品对油脂的吸收，从而使食品更为健康。由于水层的存在，油温相对稳定，可以减少油的劣化和有害物质的生成。水油混合油炸膨化技术可以有效降低油脂的使用量，提高食品的健康性，同时保留了食品的口感和风味。但这种方法也有其局限性，如设备的特殊性、操作的复杂性以及需要精确控制水和油的比例和温度。

2.低温真空油炸膨化

在低压的条件下，食品中水分汽化温度降低，能在短时间内使食品迅速脱水，实现在低温条件下对食品的油炸膨化。低温真空油炸膨化技术作为一种新的油炸膨化技术，对于改善食品的品质、降低油脂的劣化程度有很大的意义。低温真空油炸膨化工艺具有以下特点。

（1）低温营养保留与色泽维持。在低温真空油炸膨化工艺中，油炸温度在100℃左右，远低于传统油炸的温度。这个较低的油炸温度有助于减少食品中营养成分的损失，特别是那些热敏感的维生素和天然色素。此外，低温环境下，含糖和蛋白质的食品中美拉德反应（一种给食品带来焦黄色和香气的化学反应）的速率会降低，有助于保持食品的原始色泽，使最终产品更加诱人。

（2）水分蒸发快，膨化时间短。在真空条件下，食品中的水分蒸发更快，这是因为空气压力降低，水的沸点下降，使水分即使在较低温度下也能迅速汽化。这种快速的水分蒸发有助于缩短膨化时间，特别适合处理那些含水率较高的原料。因此，低温真空油炸膨化技术不仅提高了生产效率，还保留了食品的原始风味。

（3）良好的膨化效果和复水性。由于真空环境下水分的急剧汽化，食品中的水分会迅速膨胀，从而使物料的组织体积迅速增大，产生良好的膨化效果。这种膨化不仅赋予了食品独特的口感（如酥脆或轻盈），还提高了产品的复水性，使其在加水后能迅速恢复到接近原始状态。

（4）油脂劣变速度慢，节约成本。在真空环境中进行的低温油炸过程中，油脂暴露在缺氧或少氧状态下，与氧的接触减少，从而延缓了油脂氧化、聚合、分解等劣变反应的速率。这种环境不仅延长了油脂的使用寿命，还减少了抗氧化剂的需求，从而降低了生产成本。真空油炸还能有效降低产品的含油率，提高产品的耐储性，使产品更健康，更易于长期保存。

（二）油炸膨化设备

1. 常压油炸设备

（1）间歇式纯油炸设备。这种设备采用的是全油炸方式，即食品完全浸泡在油中进行炸制。间歇式操作意味着设备不是连续运行的，而是按批次进行炸制。在一次炸制过程中，加热的油温保持相对稳定，以确保食品的炸制质量。该设备适用于小规模生产，如小型餐饮店或食品加工店。这类设备由于操作简单、维护成本较低，因此在小型企业中非常受欢迎。它的缺点是能耗相对较高，油的更换频率较快，可能会影响食品的口味和质量。

（2）间歇式水油混合油炸设备。该设备在工作过程中需要在油炸锅的底部加入一层水，上层为食用油。在炸制过程中，食物的杂质会落入水层，减少油的污染，从而延长油的使用寿命。这种方法还可以避免油烟的产生，使炸制的食品更健康。这种设备也是间歇式操作，适合对油质要求较高的食品加工。不过，这种设备的维护和清洁相对复杂，需要定期更换水层，以确保炸油的质量。

（3）连续式深层油炸设备。连续式深层油炸设备适用于大规模食品生产。这种设备可以持续不断地进行食品炸制，极大地提高了生产效率。在这种设备中，食品在油中的移动是连续的，这有助于确保每个产品都能均匀炸制。连续式设备通常配有油温控制系统，能够精确控制油温，从而保证食品质量。但是，这种设备的初期投资成本较高，且对操作人员的技术要求较高，需要定期的维护和检查以保持最佳运行状态。

2.低温真空油炸设备

（1）间歇式低温真空油炸设备。间歇式低温真空油炸设备在油炸过程中结合了低温和真空的技术。在真空环境下，油炸温度可以比常压油炸低很多，通常在80 ℃和120 ℃之间。这种低温油炸有助于保留食品中的营养成分和天然色泽，同时减少有害物质的生成。由于是间歇式操作，这种设备适用于小批量生产，如专门制作高品质零食的工厂。设备的设计通常较为紧凑，操作简便，但由于需要频繁地加载和卸载，生产效率相对较低。设备维护和清洁也需要特别地注意，以保证真空环境的效果和食品安全。

（2）连续式低温真空油炸设备。连续式低温真空油炸设备是大规模生产的理想选择。与间歇式设备相比，它能够实现不间断的生产，大大提高了生产效率。在真空和低温的条件下，食品通过传送带不断地在油中移动，保证了均匀炸制和高质量的产品输出。这种设备特别适合对食品品质要求极高的场合，如制作营养膨化食品、水果干等。连续式低温真空油炸设备的一个重要优势是它能更好地控制油温和真空度，从而确保食品质量的稳定性。不过，这类设备的成本相对较高，不仅初期投资大，对操作和维护的技术要求也比较高。对于追求高效率和高品质产品的大型食品生产企业来说，这是一个非常值得投资的选择。

三、油炸膨化食品的加工工艺

油炸膨化适用于淀粉含量较高的物料的膨化。由于物料的形态的不同，所采用的加工工艺也不同。因此，按照加工原料的形态进行分类，油炸膨化可分为以粉状物料为原料的油炸膨化工艺和以切片物料为原料的油炸膨化工艺。

（一）以粉状物料为原料的油炸膨化工艺

1. 以粉状物料为原料的传统油炸膨化加工工艺

这种传统工艺流程包括多个阶段：从原辅料混合、调湿、捏合，到蒸煮、辊轧、老化，再到切分、预干燥、油炸膨化（调味）、冷却和包装。其核心在于通过蒸煮过程实现淀粉的糊化，随后辊轧和老化过程使淀粉结构更加紧密和稳定，切分和预干燥为油炸膨化做好准备，最终油炸膨化的过程使食品体积膨胀，产生脆性和香脆的口感。这种工艺的特点是工序繁多、生产周期长，但能够确保食品的高品质和独特口感。

2. 挤压蒸煮与油炸膨化相结合的加工工艺

这种工艺在传统油炸工艺的基础上引入了挤压蒸煮技术。在这个过程中，粉状物料首先经过挤压机的处理，这一阶段结合了蒸煮和高压挤压，使淀粉在短时间内迅速糊化和膨化。之后的步骤包括切分、预干燥和油炸膨化。挤压蒸煮的优势在于其效率高、能耗低，且由于加工时间缩短，能够更好地保留食品的营养成分。这种工艺适用于大批量、高效率的生产线，尤其适合现代化的大规模食品加工企业。

3. 非蒸煮油炸膨化加工工艺

非蒸煮油炸膨化工艺则是一种更为简化的处理流程，省略了蒸煮和老化的步骤。在这个工艺中，粉状物料直接经过混合、调湿、捏合后进入油炸膨化阶段。这种方法的主要优势是简化了加工流程，降低了生产成本，同时减少了设备占地面积和生产时间。然而，这种工艺可能会在一定程度上牺牲食品的口感和质感，因为蒸煮和老化过程在传统工艺中对改善食品的结构和口感起着关键作用。这种工艺更适用于对生产效率和成本控制有较高要求的场合。

（二）以切片物料为原料的油炸膨化工艺

该工艺主要用于加工薯片、果蔬片等产品。原材料（如马铃薯、苹果或其他水果和蔬菜）在被清洗、去皮后会被切成薄片。切片后的原料通常需要在水中浸泡或用其他方法处理，以去除多余的淀粉并防止氧化。接着，这些切片被沥干并送入油炸设备中进行炸制。在油炸过程中，水分被快速去除，切片变得具有脆性，颜色变为金黄色。炸制后的产品需要冷却，并去除表面多余的油脂。最后，产品会进行调味和包装。在整个加工过程中，切片的厚度、油炸温度和时间都需要严格控制，以保证最终产品的质量和风味。

无论上述哪种加工工艺，食品经油炸后，都会存在不同程度的含油率。油炸膨化食品含少量的油脂可赋予产品良好的风味和口感，但含油率过高会增加生产的耗油量，同时会影响产品的品质和风味，也将直接影响产品的耐储性。因此，含油率高的油炸膨化食品应进行脱油处理。为降低油脂的黏度，脱油最好在热油状态下进行，可采用常压离心脱油，也可在真空状态下甩油。有些经油炸膨化的食品还需进行调味，调味应当在油炸膨化完成时，趁热喷涂调味料，随着后续的冷却，调味料会黏附于油炸膨化食品的表面。

四、油炸膨化技术在食品加工中的应用

（一）真空油炸薯片

真空油炸技术在食品加工中的应用，特别是在制作薯片方面，已经成为一种创新和高效的加工方法。与传统油炸相比，真空油炸可在较低的温度和压力条件下进行，这一点显著提升了薯片的质量和营养价值。在真空环境下，水分的蒸发点降低，因此可以在更低的温度下完成油炸过程，这有助于减少油脂的吸收，降低薯片的油脂含量。由于是低温油炸，薯片中的营养成分（如维生素和矿物质）能够得到更好的保留，同时减少有害物质（如丙烯酰胺）的生成。真空油炸技术也使薯片的口感更加脆嫩，风味更加独特。真空油炸薯片的生产过程包括原料的准备、切片、真空油炸、冷却、调味和包装等环节，每个步骤都需要精细的控制以确保产品质量。这种技术的应用不仅提高了薯片的市场竞争力，还为

消费者提供了更健康、更美味的选择。尽管真空油炸技术的设备和运行成本相对较高，但其带来的高质量产品使这项投资具有可观的回报潜力。

（二）真空油炸果蔬脆片

真空油炸技术在果蔬脆片的加工中发挥着至关重要的作用。这项技术使各种水果和蔬菜（如苹果、香蕉、胡萝卜和甜菜根等）能够被加工成营养丰富、口感独特的脆片。在真空环境下，低温油炸不仅保留了果蔬原有的色泽、香气和营养成分，还有效降低了油脂吸收，能够制作出低热量、高纤维的健康零食。与传统油炸相比，真空油炸减少了有害物质的生成，同时延长了产品的保质期。加工过程中，果蔬首先被清洗、切片，然后在真空油炸机中加工。这种方法能够更好地控制产品的水分和脆度，最终生产出质地均匀、口味多样的果蔬脆片。真空油炸果蔬脆片因其独特的健康价值和口感，在消费者中越来越受欢迎，为食品加工企业提供了新的市场机遇。

（三）真空油炸海产品

海产品的真空油炸是另一项在食品加工领域越来越流行的应用，这种技术尤其适用于加工鱼片、虾片和海带等海洋食品。通过在真空环境下进行低温油炸，这项技术不仅能有效保持海产品的原始风味和营养，还可以减少油脂的吸收，从而生产出低脂肪、高蛋白的健康零食。真空油炸技术能够在较低的温度下迅速去除食品中的水分，这样不仅能够减少烹饪时产生的有害物质，还能增强最终产品的口感和保质期。加工过程中，海产品被清洗、处理后会被切成合适的尺寸，然后进行真空油炸处理。这种加工方法使产品具有良好的脆性和风味，同时保留了海产品的天然色泽和营养成分。真空油炸海产品因其独特的口感和营养价值，在市场上占有一席之地，特别是在寻求健康饮食选择的消费者群体中。

第五节　气流膨化技术

一、气流膨化原理

气流膨化技术是食品加工领域中一种先进的膨化技术，它通过特定的气流条件实现食品的快速膨化。这一技术的核心在于使用高速、高温的气流作为加热介质，使食品原料在极短的时间内迅速加热和膨胀。在气流膨化过程中，原料粉首先被预热至接近其糊化温度，然后迅速送入膨化机的膨化腔。在膨化腔内，高速气流迅速将原料加热至糊化温度，同时在高温高压的环境下，原料内部的水分迅速汽化，形成超高压。当原料从膨化机的喷嘴喷出时，由于压力的骤然降低，原料内部的水分瞬间蒸发，使原料迅速膨胀，形成多孔的结构。这种膨化过程极为迅速，通常只需几秒钟，因此对原料的热损伤极小，能够很好地保留食品的营养成分和色泽。气流膨化的产品通常具有良好的脆性、轻盈的质地和均匀的孔隙结构，使其在感官上更具吸引力。

二、气流膨化设备

气流膨化的设备类型较多，常用的气流膨化设备可按以下方式进行分类。

（一）按生产的连续化程度分类

根据生产的连续化程度，气流膨化设备可分为间歇式气流膨化机和连续式气流膨化机。

间歇式气流膨化机是一种在食品加工中使用的设备，特别适用于小批量生产和实验性生产。这种膨化机的工作原理是将一定量的原料放入膨化腔内，然后通过注入高温高速的气流来加热和膨化原料。在整个过程中，操作员可以更好地控制原料的加热时间和温度，从而获得理想的产品质量。间歇式气流膨化机的优点在于其操作灵活，能够适应多种不同的原料和配方，是进行产品开发和小规模生产的理想选择。然而，由于其生产效率相对较低，因此不适合大规模的商业生产。

连续式气流膨化机则是为大规模生产而设计的设备。与间歇式膨化机不同，连续式膨化机可以不断地加工原料，无须停机加料，大大提高了生产效率。在这种设备中，原料会持续通过膨化腔，其中持续的高温高速气流实现了原料的快速加热和膨化。连续式气流膨化机通常配有更复杂的控制系统，以确保在整个生产过程中产品质量的一致性和稳定性。这种设备特别适用于大批量生产，如谷物膨化、休闲食品生产等。尽管其初期投资和维护成本较高，但在大规模生产中，其高效率和稳定的产出使这种投资具有良好的性价比。

（二）按加热方式分类

按照对物料的加热方式分类，气流膨化设备可分为直接加热式和间接加热式两大类。

直接加热式气流膨化机是一种在膨化过程中直接将热量传递给物料的设备。在这种膨化机中，高温气流（通常是蒸汽或热空气）直接与物料接触，实现快速加热和膨化。这种直接接触确保了热量传递的高效性，使物料在极短的时间内迅速达到膨化温度。直接加热式膨化机通常用于需要快速膨化和高温处理的物料，如某些谷物和蛋白质产品。由于热量直接作用于物料，这种膨化机能够更精确地控制加工温度，确保产品质量的一致性。不过，直接加热方式可能会对一些敏感的原料造成热损伤，因此需要精确的操作和控制。

间接加热式气流膨化机则通过传热介质间接加热物料。在这种膨化机中，热量首先被传递到传热介质（如油或水）中，然后通过这个介质将热量传递给物料。这种间接加热方式能够实现更温和和均匀的加热，减少了直接接触高温气体可能带来的物料损伤。间接加热式膨化机适用于对热敏感的原料，如某些膨化食品和特定的健康食品。这种方法可以更好地保留物料的营养成分和原始风味。不过，由于热量传递的效率相对较低，间接加热式膨化机的生产效率可能不如直接加热式膨化机高。

（三）按膨化动力分类

按膨化动力分类，气流膨化设备可分为独立式气流膨化机、真空－气流膨化机、压力补偿气流膨化机。

独立式气流膨化机是一种在膨化过程中仅依靠气流作为动力源的设备。这种膨化机的设计简单，操作方便，主要用于小批量或实验性的膨化加工。在独立式气流膨化机中，物料被送入膨化腔，然后通过注入高速、高温的气流来实现物料的加热和膨化。由于其独立的加热系统，这种膨化机可以更灵活地调整加热温度和时间，适用于对加工条件要求较高的产品。然而，由于缺乏更复杂的控制系统，它可能不适合大规模生产。

真空－气流膨化机结合了真空和气流膨化的特点，通过在真空环境下注入高速气流来加热和膨化物料。这种结合可以在更低的温度下进行膨化，有助于保留食品的营养和风味。在真空环境中，物料内部的水分在较低的温度下就能蒸发，从而实现快速膨化。真空－气流膨化机特别适用于对温度敏感的物料，如某些膨化谷物和健康食品。这种膨化机的主要优点是可以更好地保留原料的营养成分和原始风味，但其设备成本和运行成本相对较高。

压力补偿气流膨化机是一种在膨化过程中使用压力补偿系统来控制物料膨化的设备。这种膨化机通过调节压力来优化膨化过程，使膨化效果更加均匀和稳定。压力补偿系统能够根据物料的特性和膨化要求，自动调节工作压力，从而确保产品质量的一致性。这种膨化机适用于对膨化品质要求较高的生产，如特定的膨化谷物或高端休闲食品。压力补偿气流膨化机的优点在于其高度自动化和精确控制，但相应地，这也使其设备成本和技术要求较高。

三、气流膨化食品的加工工艺

气流膨化多用于谷物和果蔬的膨化，下面分别介绍其加工工艺。

（一）谷物的气流膨化工艺

气流膨化谷物食品的加工工艺主要包括以下步骤：原料→清理除杂→水分调节→进料→加热升温、升压→气流膨化→调味、称重、包装→成品。

1.原料

用于气流膨化的谷物原料通常是粒状的，要求表面有较密的皮层，这有利于在膨化过程中使内部产生较高的压力，从而达到更好的膨胀效果。

2.清理除杂

清理除杂包括去除原料中的泥块、石块、杂粮粒和金属杂质等，以确保产品的食用卫生和质量。

3.水分调节

这一步是控制谷物含水率在 13% 和 15% 之间，以优化膨化效果。如果原料含水率过低，我们可通过喷雾等方式加水，并让加水后的原料放置一段时间以平衡水分。

4.进料

进料过程在间歇式和连续式气流膨化机中有所不同。间歇式膨化机在停机状态下进行加卸物，而连续式膨化机需要满足进料的连续性。进料器在完成连续、均匀、稳定进料的同时，必须保证加热器的密封性，以便控制加热室中物料的受热程度。

5.加热升温和升压

这一过程是在加热室（膨化罐）中完成的，通常需要较高的膨化温度和膨化压力，这可以通过过热蒸汽直接加热或燃气、电热间接加热实现。温度一般控制在 140 ～ 225 ℃，压强在 0.1 ～ 0.85 MPa，① 具体参数根据原料和产品膨化度要求调整。

6. 气流膨化阶段

被加热的物料会在加热室中累积大量能量，在达到一定的温度和压力并保持一定时间后，我们可通过瞬时卸压使物料膨化。

7. 调味、称重、包装

调味料需要均匀喷洒在产品表面，以保证风味的均一性。考虑到产品的酥脆性，调味后的产品需立即进行称量和包装。包装材料的选择可以根据保存时间的需要来决定，一般采用充氮包装以延长保质期。整个谷物气流膨化工艺旨在生产口感酥脆、营养丰富且卫生安全的膨化食品。

（二）果蔬的气流膨化工艺

气流膨化果蔬食品的加工工艺主要包括以下步骤：果蔬→清洗→切分→护色处理→预干燥→加热升温、升压→气流膨化→干燥→冷却→包装。

1. 切分

清洗后的果蔬会被切分成特定的尺寸和厚度。这一步骤的关键在于保持切分后的果蔬片厚度和大小的一致性，这对确保膨化过程的均匀性至关重要。

2. 护色处理

这一步骤主要是为了防止果蔬在加工过程中发生褐变。常用的方法包括用热水或蒸汽漂烫或者使用护色液进行浸泡。护色处理后的果蔬需要用清水冲洗以去除残留的护色剂。

3. 预干燥

预干燥是去除果蔬片中部分水分的重要步骤，可以采用热风干燥、真空干燥或薄层干燥等方法。预干燥后的果蔬含水率通常控制在 15% 和

---

① 蒲云峰，张锐利，叶林 . 食品加工新技术与应用 [M]. 北京：中国原子能出版社，2018：203.

38% 之间，具体取决于原料品种、切片厚度及气流膨化的加热及加压方式等因素。

4. 加热升温、升压

不同的果蔬原料因其成分构成和组织形态的差异，对膨化动力的需求不同。加热温度、膨化压力差及物料在膨化罐中的滞留时间等工艺参数根据原料的种类和气流膨化方法的不同而有所差异。

5. 气流膨化及干燥

当膨化罐中的温度和压力达到预设值并保持一定时间后，我们可通过突然释放压力来实现果蔬的膨化。膨化后的产品通常需要进一步干燥处理，以将物料含水率降至安全水分以下。如果采用真空－气流膨化方法，我们可以通过多次膨化过程逐渐达到安全水分要求。

四、气流膨化技术在食品加工中的应用

（一）健康零食的生产

气流膨化技术在制作健康零食方面发挥着重要作用，尤其是在生产膨化谷物和果蔬脆片等产品上。这种技术利用高速气流在短时间内高效地膨化食品，既保留了原料的营养成分，又给予产品独特的口感和结构。例如，气流膨化可以生产出低热量、高纤维的膨化谷物零食，如膨化玉米片、大米脆片等；对于果蔬脆片，气流膨化不仅能够保留果蔬原始的色泽和风味，还能通过降低油脂吸收来减少产品的热量。气流膨化技术的高效率和低能耗特点使健康零食的大规模生产变得更加经济和可持续。这对于食品工业在满足消费者对健康零食需求方面具有重要意义。

（二）特色休闲食品的加工

气流膨化技术不仅限于谷物和果蔬的膨化，还可以用于豆类、肉类甚至海产品的加工。例如，气流膨化技术可以制作出口感独特的膨化豆制品（如膨化豆干、豆腐干等），这些产品不仅口感独特，还富含蛋白

质；对于肉类或海产品，气流膨化不仅能改善其口感，还能提高其保存性，创造出新颖的休闲食品。气流膨化技术还允许食品制造商通过调整工艺参数，创造出多种不同的食品质地和风味，满足市场对食品多样性和创新性的需求。

（三）营养食品的加工

在营养食品领域，气流膨化技术也扮演着重要角色。这项技术特别适合生产婴幼儿食品、老年食品和特殊医疗用途食品，因为它能够在保持原料营养成分的同时，使产品易于消化和吸收。例如，对于婴幼儿食品，气流膨化可以生产出易于咀嚼和消化的膨化米粉、膨化谷物等；对于老年人和特殊医疗需求的人群，气流膨化技术可以用于制作高营养、易消化和吸收的食品，如高蛋白膨化食品、富含纤维的膨化食品等。气流膨化技术还有助于食品中活性成分（如维生素和矿物质）的保护，这对于营养强化食品的生产至关重要。

第八章 食品干燥原理与技术

第一节 食品干燥加工原理

一、干燥机制

(一)干燥过程中的传热与传质

物料的干燥过程是传热和传质相结合的过程，包括物料外部的传热和传质以及物料内部的传热和传质。

1. 外部传热和传质

外部传热和传质指的是干燥介质（如热气流或辐射能）与物料表面之间的能量和质量交换过程。在这个过程中，外部热源向物料表面传递热能，使物料表面的水分蒸发。这种蒸发过程既涉及传热，即热量从热源到物料表面的传递；也涉及传质，即物料表面的水分转化为水蒸气并被干燥介质带走。外部传热的效率受到多种因素的影响，如干燥介质的温度、流速、湿度以及物料表面的特性。优化这些参数可以提高干燥效率，减少能源消耗。外部传质效率则取决于物料表面的水分蒸发速率和干燥介质去除水蒸气的能力。外部传热和传质的效率直接影响干燥速率和产品质量。

2.内部传热和传质

内部传热和传质则是指发生在物料内部的热量和水分的迁移过程。当外部传热使物料表面水分蒸发时，物料内部的水分开始向表面迁移，以补充表面失去的水分，这一过程涉及水分在物料内部的扩散和毛细作用，同时伴随着热量在物料内部的传递。内部传热主要受物料的热导率影响，内部传质则与物料的毛细结构、孔隙度和水分扩散性质有关。物料内部的这些特性决定了水分迁移和蒸发的速率，从而影响整个干燥过程的效率和均匀性。内部传热和传质的效率对于确保物料干燥均匀、避免过干或未干等现象至关重要。正确控制内部传热和传质对于优化干燥工艺、提高产品质量具有重要意义。

（二）表面汽化控制和内部扩散控制

内部传质和外部传质是接连进行的，两个传质的速率一般不同，较慢的传质控制着整个干燥过程的速率。我们通常将外部传质控制称为表面汽化控制，内部传质控制称为内部扩散控制。

1.表面汽化控制

像糖、盐等潮湿的晶体物料，其内部水分能迅速传递到物料表面，使表面保持充分润湿状态。因此，水分的去除主要由外部扩散传质所控制。当干燥速率由表面汽化控制时，强化干燥操作就必须集中强化外部传热和传质。在对流干燥时，因物料表面充分润湿，表面温度近似等于空气的湿球温度，水分的汽化近似为纯水的汽化。此时，提高空气温度、降低空气湿度、改善空气与物料间的接触和流动状况都有利于提高干燥速率。在真空接触干燥中，提高干燥室的真空度有利于传热和外部传质，可提高干燥速率。

2.内部扩散控制

某些物料（如面包、明胶等）在干燥时，其内部传质速率较小，当表面干燥后，内部水分来不及传递到表面，使汽化面逐渐向内部移动，干燥的进行比表面汽化控制更为复杂。当干燥过程由内部扩散控制时，下列措施有助于强化干燥：减小料层厚度或使空气与料层穿流接触，以缩短水分的内部扩散距离，减小内部扩散阻力；采用搅拌方法使物料不断翻动，深层湿物料及时暴露于表面；采用接触干燥和微波干燥方法，使热流动有利于内部水分向表面传递。

二、干燥过程中食品物料的变化

（一）物理变化

1.干缩和干裂

干缩是指食品物料在失去水分后体积缩小的现象，这是物料中水分的蒸发使物料内部结构收缩所致。在干燥过程中，水分的去除通常从物料的外层开始，随着水分的持续蒸发，内部结构逐渐收缩，使整体体积减小。干缩的程度取决于物料的种类、初始水分含量以及干燥条件等因素。

干裂则是干缩过程中可能出现的一种更为严重的物理变化，通常发生在干燥速率过快或物料内、外部水分失衡的过程中。当物料外部迅速失水而内部水分未能及时补充到表面时，物料内部会产生应力，形成裂纹干裂不仅影响食品的外观质量，还可能影响其质构和后续加工性能。

2.表面硬化

表面硬化是食品干燥过程中一种常见的物理变化，指的是物料表面形成硬壳层的现象。这种现象通常发生在干燥的初期阶段，当物料表面的水分迅速蒸发，而内部水分未能及时向表面迁移时，表面组织会失去水分而变得更紧密和坚硬。表面硬化可能阻碍物料内部水分的迁移和蒸发，使干燥过程不均匀，进而影响食品的整体干燥效率和质量。表面硬化还可能使食品在感官和质构上发生不良变化，如口感变差、脆弱或过硬。为了避免表面硬化，我们通常需要控制干燥过程中的温度和湿度，以确保干燥的均匀性和温和性。

3.形成物料内多孔性

随着水分的蒸发，原先由水分占据的空间变成了孔隙，使干燥后的物料具有多孔的结构。这种多孔性的形成对食品的质构和感官属性有重要影响。例如，多孔结构的形成可以使食品具有更轻盈的口感和更好的咀嚼性；多孔性的食品通常具有更高的比表面积，这可以增加食品与味道、香气等添加剂的接触面积，从而改善食品的风味。在工业生产中，控制干燥条件以优化物料的多孔性是提高食品质量的关键。适当的干燥过程可以确保孔隙的均匀分布和适宜的大小，从而改善食品的整体质量。

4.产生热塑性

食品在干燥过程中可能表现出热塑性变化，尤其是含有较高比例淀粉和糖类的食品。热塑性是指物料在热处理过程中软化、熔化或流动的能力。在干燥过程中，由于温度的升高，食品中的淀粉、糖类等组分可能发生热塑性变形，使物料的结构发生改变。例如，淀粉在加热时会吸水膨胀并糊化，形成具有黏合性的糊状物质。这种热塑性变化对食品的质构、口感和外观有显著影响。在食品加工中，合理控制干燥温度和时间是防止过度热塑性变化的关键，过度的热塑性变化可能导致食品质量下降，如质构过硬或过度黏结。正确的干燥工艺能够确保食品在保持其独特质构和风味的同时，达到所需的干燥效果。

（二）化学变化

1.蛋白质的变化

蛋白质在干燥过程中可能发生多种化学变化，其中最主要的是蛋白质的变性，这是干燥过程中的热应力导致的蛋白质分子结构的改变。变性过程可能使蛋白质的三维结构发生改变，进而影响蛋白质的功能性质，如溶解性、乳化性和凝胶形成能力。除了热引起的变性，干燥过程中还可能发生蛋白质与其他食品成分之间的交互作用（如与糖类发生美拉德反应），这会使食品的色泽和风味发生变化。此外，长时间或高温的干燥过程可能使蛋白质发生氧化，从而影响食品的营养价值和贮藏稳定性。

因此，在干燥食品时，控制适宜的温度和时间对于保持蛋白质的功能性和营养性至关重要。

2. 碳水化合物的变化

碳水化合物在食品干燥过程中也会发生一系列化学变化，这些变化主要包括糖类的分解和重排、淀粉的糊化以及美拉德反应。在干燥过程中，尤其是在高温条件下，简单糖类可能发生分解或重排，生成新的风味物质。对于含淀粉的食品，干燥过程中的热处理会使淀粉颗粒糊化，这种糊化改变了淀粉的结构和性质，影响食品的质感和消化特性。碳水化合物在干燥过程中还可能与蛋白质等其他成分发生美拉德反应，这种非酶促褐变反应会影响食品的色泽、风味和营养价值。控制干燥条件，避免过度加热和长时间干燥，是减少碳水化合物不良化学变化的关键。

3. 脂肪的变化

脂肪在食品干燥过程中可能发生氧化、水解和聚合等化学变化。氧化是最常见的脂肪变化，特别是在高温干燥过程中，脂肪的氧化不仅降低了食品的营养价值，还可能产生不良风味，影响食品的感官品质。高温和水分的存在还可能促进脂肪的水解，生成游离脂肪酸，这同样会影响食品的风味和储存稳定性。在某些情况下，脂肪还可能发生聚合反应，特别是在油脂含量较高的食品中，这种聚合可能使食品质构发生改变。因此，合理控制干燥条件，特别是温度，对于减少脂肪的不良变化至关重要。

4. 维生素的变化

维生素在食品干燥过程中往往较为敏感，容易被破坏，尤其是一些水溶性维生素（如维生素 C）和热敏感维生素（如 B 族维生素）在高温下容易分解。维生素的损失不仅降低了食品的营养价值，还可能影响食品的健康益处。因此，在干燥食品时，我们需要特别注意控制温度和干燥时间，以最大限度地保留维生素的含量。在某些情况下，采用低温干燥或真空干燥等方法可以有效减少维生素的损失。

5.色素的变化

食品中的色素（如天然色素和食品添加色素）在干燥过程中也可能发生变化，这些变化包括色素分子在高温或光照条件下的分解、氧化或与其他食品成分的相互作用。色素的变化不仅会影响食品的外观，还可能影响消费者对食品的感官接受度。例如，果蔬干燥过程中的褐变现象通常与色素的氧化有关。因此，为了保持食品的色泽和吸引力，我们需要在干燥过程中采取适当的措施，如控制氧气接触、使用抗氧化剂或选择适宜的干燥方法。

第二节　流态化干燥技术

流态化干燥技术是一种高效的干燥方法，它利用热空气或其他气体通过底部进入干燥室，将固体颗粒物料悬浮在空气流中，形成类似液体的流态化状态。在这个过程中，颗粒物料被充分悬浮并与热气流充分接触，从而实现快速且均匀的干燥。流态化干燥技术广泛应用于食品行业，特别适用于颗粒状、粉末状或颗粒化的物料。流态化干燥具有干燥速度快、热效率高、操作灵活和可控性好等优点，是一种十分受欢迎的干燥技术。

一、流态化干燥原理

（一）流体经过固体颗粒床层流动时的阶段

在流态化干燥技术中，流体在自下而上通过固体颗粒床层时，会经历三种不同的流动阶段：固定床阶段、流化床阶段和气力输送阶段。这些阶段反映了颗粒与流体之间的相互作用及其对流动特性的影响。

1.固定床阶段

在固定床阶段，流体以低速度向上流过颗粒床层。这时，颗粒处于静止状态，流体通过颗粒的间隙流动，床层被称为固定床或静态床，固定床状态的维持需要满足特定条件，即流体自下而上的最大空塔速度应小于颗粒的沉降速度，并且取决于固定床的空隙率。在此阶段，颗粒间的空间相对较小，颗粒间的作用力（如摩擦力和重力）支配着颗粒的静态平衡。这个阶段在工业应用中较少用于干燥，但在过滤和吸附过程中较为常见。

2. 流化床阶段

当流体流速增大，达到使颗粒刚好悬浮在流动的流体中时，床层开始流化，这个状态被称为临界流化床或初始流化床。在这一阶段，颗粒开始脱离固定床的约束，颗粒之间的空间增大，颗粒能够自由移动，出现类似液态的行为。随着流速的进一步增加，颗粒在较大空间内悬浮，形成明显的床层膨胀。在这个阶段，流体和颗粒之间的相互作用使颗粒不断跳动，形成沸腾床的现象。流化床的特点是颗粒间实际流速等于颗粒的沉降速度，床层不再膨胀。流化床技术因其高效的传热和传质性能，在干燥、化学反应和热交换等工业过程中广泛应用。

3. 气力（气流）输送阶段

当流体流速进一步增加，达到或超过颗粒的重力沉降速度时，床层界面消失，形成稀相流化或连续流化状态。在这一阶段，颗粒被流体完全夹带并随之流出，形成了一种固体颗粒的气力或液力输送系统。这种状态下没有稳定的固体颗粒床层存在，颗粒与流体完全混合，形成类似于气体或液体的流动特性。气力输送阶段在固体物料的搬运和分配系统中非常重要，例如在粉体处理、颗粒物料输送等领域中有广泛的应用。

（二）散式流态化和聚式流态化

在流态化技术中，根据流体和固体颗粒之间的交互作用，我们可以将流态化分为散式流态化和聚式流态化两种类型。

1. 散式流态化

散式流态化主要出现在液-固系统中。当液体流速增加至超过临界流化速度但低于带出速度时，床层会平稳且缓慢膨胀，其空隙率随之增大。在散式流态化中，固体颗粒在床层中相对分散，且颗粒间没有显著的干扰或相互作用。这种流态化状态下，颗粒被均匀地悬浮在流体中，形成了一个相对均匀和稳定的流态化床层。在这种情况下，颗粒之间的运动较为自由，且床层的流动性较好，适用于需要均匀传热和传质的工艺，如液体悬浮剂的混合和干燥。

2.聚式流态化

聚式流态化常见于气-固系统。当气体流速超过临界流化速度后，床层会形成沸腾床，但这个状态会表现出较大的不稳定性，床层虽有膨胀，但床面存在明显的起伏。在聚式流态化中，气体以气泡的形式通过床层，这些气泡在上升过程中会膨胀、合并，并夹带固体颗粒，尤其是在气泡的尾端。这些气泡最终在床面上破裂，使床层中的固体颗粒发生激烈的运动，产生混合和搅拌作用。因此，聚式流态化床层内部非常不均匀，存在两个非均一相：固体颗粒的乳化相和夹带固体微粒的气泡相。这种流态化类型适用于需要强烈搅拌和高效率传质的工业过程，如颗粒物料的热处理、化学反应和干燥。

二、流化床的工艺设计

（一）流化床的直径

流化床的直径是基于操作空床气速（μ）来确定的，这个气速应介于起始流化速度和带出速度之间的某个设定值。通常，这个设定值取带出速度的 40% ~ 80%。这样的设计确保了流化床既能有效地维持颗粒的流化状态，又能避免过早地将颗粒带出床层。

在流化床的各种工业应用（如气-固催化反应、固体物料的干燥、吸附、浸取等）中，床层直径的选择基于特定工艺的需求。例如，在气-固催化反应系统中，流体的体积流量（即生产系统的气相流量）是一个决定因素；在流化床干燥器中，需要考虑的是湿空气的消耗量；在流化吸附和浸取中，则关注所处理的原料流体量或浸取剂的用量。这些参数通常是已知的，或者可以通过计算来确定。

（二）流化床的高度

流化床的高度由两段高度决定：一是床层本身的高度，即流化床上界面以下的区域，又称浓相区；二是分离高度，即床层上界面以上的区域，又称稀相区。

1.浓相区高度

浓相区位于流化床的下部，是颗粒密集且主要发生流态化的区域。浓相区的高度与操作空床流速及床层的空隙率密切相关。在浓相区内，颗粒之间的相互作用和流体的动力作用平衡，形成了一个类似沸腾的动态环境。浓相区的高度设计需要确保颗粒在该区域内能够有效地实现流态化，同时保持足够的传热和传质效率。在设计浓相区时，我们还需要考虑物料的类型、颗粒大小以及操作条件等因素。一般来说，浓相区的高度设计保证了床层内重相颗粒的质量守恒。

2.稀相区高度

稀相区也称为分离段，位于流化床的上部。在气-固流化床中，当气体流速较大时，细小颗粒可能被带离浓相区，尤其是气泡在上界面破裂时。这些颗粒在上升到一定高度后会返回到浓相区，形成稀相区。稀相区的高度取决于颗粒和流体的性质、床层的结构与尺寸等。一般而言，颗粒越小、两相密度差越大、操作速度越大，所需的稀相区高度越大。为了减少细颗粒的带出，我们可以在分离段上方增加扩大段，以降低流速、稳定压力，从而促进细微颗粒的沉降。稀相区高度的设计对于保证流化床的有效操作和减少物料的损失非常重要，常通过经验确定，并通常取为浓相区的高度。

（三）流化床的分布板

流化床的分布板也称为布气板，是流化床的核心部件之一，它的主要功能是支撑固体颗粒、防止漏料,同时确保气体在流化床中得到均匀分布。一个设计良好的分布板应对通过它的气流产生足够大的阻力,从而保证气流在整个床层截面上均匀分布。这种均匀分布对于避免聚式流化的不稳定性(如沟流等不正常现象)至关重要。理想的分布板压力降应大于或等于床层压力降,通常取单位截面上的床层重力的10%,且绝对值不低于 3.5 kPa。[①]这样的设计可以确保气流的均匀分布,从而提高流化床的效率和稳定性。

(四)流化床附件

流化床附件包括挡板、挡网和根据需要设置的垂直管束等,这些附件的主要作用是控制流化床内的气流动态,抑制气泡的长大和破裂,从而改善气体在床层中的停留时间分布、减少气体返混并增强两相间的接触。在气速较低的情况下,我们通常采用金属丝制成的挡网;当气速较大时,则采用挡板,如百叶窗式的挡板,包括单旋挡板和多旋挡板。单旋挡板使气流仅有一个旋转中心,而多旋挡板可使气流产生多个旋转,促进气固的充分接触和混合,使粒子径向分布趋于均匀。多旋挡板的结构较为复杂,加工困难,并可能限制粒子的纵向混合,增大床层的纵向温度差异。挡板与挡网的设计和选择对于保证流化床的高效运行和优化流化效果具有重要意义。

三、流化床干燥器

(一)单层圆筒形流化床干燥器

单层圆筒形流化床干燥器是最基本的流化床干燥设备,它由一个圆筒形的干燥室组成,底部装有分布板,用于均匀地分布进入干燥室的热气流。在这种干燥器中,物料被放置在分布板上方,随着热气流的进入,

---

① 蒲云峰,张锐利,叶林 . 食品加工新技术与应用 [M]. 北京:中国原子能出版社,2018:41.

物料被悬浮起来形成流态化床。这种设计的优势在于结构简单、操作方便，且由于其单层结构，使对流化床内部的温度和湿度控制较为简单、直接。这种干燥器适用于热稳定性较好的物料，特别是当物料不需要通过多阶段干燥或分级处理时，单层圆筒形流化床干燥器是一种高效的选择。

（二）多层流化床干燥器

多层流化床干燥器是一种更为复杂的流化床干燥系统，它包含多个分隔的流化层，每层都具有独立的流化和干燥功能。下面介绍两种食品加工中常用的多层流化床干燥器。

1.溢流管式多层流化床干燥器

在这种设计中，干燥器由多个流化床层组成，每层之间通过溢流管连接。物料从顶层进入，逐层向下流动，每一层都进行一次干燥处理。这种设计允许物料在不同的流化床层中经受不同的干燥条件（如温度和气流速度），从而实现更精细的干燥控制。溢流管式多层流化床干燥器适用于需要渐进干燥或对干燥条件有特殊要求的物料。

2.穿流筛板式多层流化床干燥器

这种设计的流化床干燥器使用穿流筛板将不同的流化床层分隔开。筛板上有多个孔洞，允许气流穿过，但会阻止物料直接下落到下一层。在这种干燥器中，每一层可以独立控制干燥条件，适用于需要精确控制干燥过程的物料。穿流筛板式多层流化床干燥器在物料的分级干燥、粒度控制方面表现出色。

（三）卧式多室流化床干燥器

卧式多室流化床干燥器是一种先进的干燥设备，特别适用于处理大批量和黏性物料。这种干燥器通常由多个连接的卧式流化床室组成，每个室都有独立的气流控制。物料在干燥器内从一个室流向另一个室，每个室可以进行不同阶段的干燥处理，如预热、干燥和冷却。卧式多室流化床干燥器的主要优势在于它能够在相对较低的气流速度下处理物料，减少物料的损坏和粉尘的产生。此外，由于其卧式设计，这种干燥器特别适合处理那些在立式流化床中容易产生聚集或难以流态化的物料。卧式多室设计还允许对每个室内的温度和湿度进行精确控制，从而提供更高的干燥效率和产品质量。

（四）振动流化床干燥器

振动流化床干燥器结合了流化床技术和机械振动，提供了一种高效的干燥方式，特别适合处理粒度不均匀、湿度较高或黏性物料。在振动流化床干燥器中，床体在机械振动的作用下，使物料颗粒发生密集的运动。这种振动不仅有助于维持良好的流态化状态，还可以防止物料的聚集和沉降。振动流化床干燥器的设计使物料能够在较低的气流速度下实现有效干燥，振动还能帮助提高热和质量的传递效率。振动流化床干燥器通常具有较好的热效率，因为振动有助于增强颗粒间的混合，从而提高热传递的均匀性。这种干燥器广泛应用于食品行业，特别适合干燥那些在传统流化床中难以处理的物料。

（五）离心式流化床干燥器

离心式流化床干燥器是一种利用离心力实现物料流态化的干燥设备。在这种干燥器中，物料被放置在一个旋转的筒体内，筒体的快速旋转产生离心力，使物料沿筒壁分布。同时，热空气或其他干燥介质从筒体中心或侧面引入，与高速旋转的物料相互作用，形成流态化状态。离心式流化床干燥器特别适合处理那些轻质、细小或难以在传统流化床中实现流态化的物料。由于离心力的作用，物料可以在较低的气流速度下实现有效的流态化，减少物料的损坏和粉尘的产生。此外，旋转的筒体可以提高物料与热空气的接触效率，从而提高干燥效率。离心式流化床干燥器在化工、食品和制药行业中有广泛的应用，特别是在干燥轻质和精细物料方面表现出色。

（六）喷气层流化床干燥器

喷气层流化床干燥器是一种利用高速喷射气体实现物料流态化的干燥设备。在这种干燥器中，热气流通过位于床底的喷嘴以高速喷出，形成强烈的气流，使物料颗粒被迅速悬浮起来，形成流态化状态。喷气层流化床干燥器的特点是流态化强度高，可以有效地处理那些重质或黏性物料。由于气流的强力作用，物料颗粒可以在床内实现更好的分散和混合，从而提高干燥效率和均匀性。此外，喷气层流化床干燥器通常具有较好的传热和传质效率，适合大批量和连续生产。这种干燥器在化工、矿物加工和颗粒物料加工等领域有着广泛的应用。尤其是在处理那些难以在传统流化床中有效干燥的物料时，喷气层流化床干燥器提供了一种高效的解决方案。

四、流态化干燥技术在食品加工中的应用

（一）油菜籽的干燥

在油菜籽的加工过程中，干燥是一个关键步骤，它不仅影响油菜籽的储存寿命，还直接关系到油品的质量。流态化干燥技术在油菜籽干燥中的应用能够有效地去除油菜籽中的水分，同时防止过度加热导致的油质变坏。在流态化干燥过程中，油菜籽在热空气的作用下形成流态化床，保证了油菜籽之间均匀的热交换和水分去除。这种均匀的干燥过程有助于防止油菜籽局部过热或不均匀干燥，从而保留其营养成分并提高油品质量。流态化干燥技术由于其高效性，能够大幅度缩短干燥时间，提高生产效率，降低能耗，这对于大规模的油菜籽加工尤其重要，不仅可以提高油菜籽的加工质量，还能降低加工成本。

（二）果蔬的干燥

在果蔬的加工中，干燥是用于延长保质期和方便储存的常见工艺。使用流态化干燥技术对果蔬进行干燥，可以更有效地保留果蔬的色泽、

味道和营养成分。果蔬在流态化干燥过程中，颗粒的流态化状态确保了热空气与物料的充分接触和均匀传热。这种均匀的干燥方式有助于避免果蔬局部热损伤或营养成分的过度破坏。流态化干燥技术特别适合于干燥那些细小、多孔或易受热损伤的果蔬，如草莓、蓝莓或叶菜类。与传统的热风干燥相比，流态化干燥能更好地保留果蔬的自然风味和色泽，提高最终产品的市场价值。流态化干燥技术的高效性也意味着较低的能耗和更高的生产效率，这对于商业规模的果蔬加工尤为重要。

（三）茶叶的干燥

茶叶干燥是茶叶加工的重要步骤，它不仅影响茶叶的保质期，还直接关系到茶叶的色泽、香气和口味。在传统的干燥方法中，茶叶可能会因不均匀干燥而导致局部过度加热或含水量过高，从而影响最终产品的质量。应用流态化干燥技术于茶叶干燥，可以使茶叶在热空气的作用下形成均匀的流态化床，确保茶叶在干燥过程中受热均匀，从而有效避免过热或部分未干现象。这种均匀的热处理有助于保留茶叶的色泽和香气，同时更好地保存其有效成分，如茶多酚和咖啡因等。流态化干燥的高效性能大幅度缩短干燥时间，提高生产效率，并降低能耗。流态化干燥技术在茶叶干燥中还能提供更好的控制性。通过调节气流速度和温度，流态化干燥技术可以精确控制干燥条件，从而适应不同类型茶叶的特定干燥需求。这对于保持特定茶叶品种的独特风味和品质尤为重要。

第三节　过热蒸汽干燥技术

过热蒸汽干燥是近年来发展起来的一种干燥方法，它使用过热蒸汽作为干燥介质，直接与物料接触以去除水分。这种技术与传统的热风干燥相比，具有显著的节能和环保优势。在过热蒸汽干燥过程中，排出的废气全是蒸汽，可通过冷凝回收其潜热，实现能量的再利用。这不仅减少了能源消耗，还减轻了对环境的影响。由于其高效的干燥能力和节能特性，过热蒸汽干燥技术在食品、化工及其他工业领域得到了广泛应用，特别适用于对温度敏感或需要保持质量特性的物料的干燥处理。

一、过热蒸汽干燥原理

过热蒸汽的热传递特性优于相同温度下的空气，由于蒸发产生的水蒸气的扩散没有阻力，因此物料在恒速干燥阶段的干燥速度只取决于热传递速率。蒸汽和固体物料表面间的表面传热系数 h 可通过界面热传递的标准相关性进行分析。忽略热敏效应、热量损失以及其他模式的热传递，表面水分蒸发为蒸汽的速率可简单表达为

$$N = q / \lambda = h\left(T_{汽} - T_{表}\right) / \lambda \qquad （8-4）$$

式中：N 为蒸发速率；$T_{汽}$ 为干燥表面温度；$T_{表}$ 为与干燥机操作压力下的蒸汽饱和温度相应的过热蒸汽温度。

对于热空气干燥，$T_{表} = T_{网-块}$，因此在相同的气体温度下，干燥空气的 ΔT 值较高而 h 较低。计算结果表明，这些相反作用的结果会引起温度的"倒置现象"，高于"倒置"温度，过热蒸汽的干燥速率高于热空气的干燥速率。当过热蒸汽以层流、紊流、湍流、自由对流的形式流经不同形状的物料时，水分在过热蒸汽中蒸发的倒置温度为 160 ～ 200℃，因而"倒置温度"可定义为只针对表面水分蒸发，而不是内部水分迁移。

由于干燥机制大不相同，过热蒸汽干燥在降速干燥阶段的干燥速率往往也比空气高。采用过热蒸汽干燥，物料的温度较高，因而水分迁移率较高。蒸汽环境中不会出现"硬皮"或"结皮"的现象，这样就消除了进一步干燥可能出现的障碍，产品也可具有多孔结构。

二、过热蒸汽干燥工艺

过热蒸汽干燥工艺是一种高效且环保的食品干燥方法，它利用过热蒸汽作为干燥介质，直接与食品物料进行热交换以实现快速干燥。在这个工艺中，待干燥的食品物料通过干燥器的上部加入，物料的加入量由

定量调节阀精确控制。物料一旦进入干燥器，它们会与从不同高度引入的过热蒸汽充分接触。这种直接接触确保了热量有效地传递给物料，从而使物料中的水分迅速汽化并逸出。过热蒸汽在释放热量时，其中一部分热量以显热的形式放出，因此从干燥器排出的蒸汽通常处于过热或接近饱和的状态。这部分蒸汽被循环风机抽送到再加热器（过热器）中重新加热，以提高其过热度，然后再送回干燥器继续参与干燥过程。与此同时，物料干燥过程中蒸发出的蒸汽会被引入冷凝器进行冷凝处理。

这种干燥过程的一个显著特点是过热蒸汽在整个干燥过程中被循环使用，无须补充新的蒸汽。这不仅提高了热效率，还减少了能源消耗，同时由于整个过程几乎不产生废气排放，因此对环境影响较小。过热蒸汽干燥技术因其高效、节能和环保的特点，在食品加工行业中得到了广泛的应用，尤其适用于对热敏感或需保持特定质量特性的食品干燥处理。

三、过热蒸汽干燥设备

任何直接干燥机都能转换为过热蒸汽干燥机（如闪蒸机、流化床干燥机、喷雾干燥机、碰撞喷射干燥机、传送带干燥机等），以下是几种较为常见的过热蒸汽干燥设备。

（一）旋转鼓式过热蒸汽干燥器

旋转鼓式过热蒸汽干燥器是一种广泛应用于大批量物料干燥的设备，尤其适用于粉末、颗粒状物料。这种干燥器由一个倾斜的旋转鼓组成，内部具有搅拌装置和升抛板，可有效地提高物料与过热蒸汽的接触效率。在干燥过程中，过热蒸汽通过鼓体的一端注入，与物料直接接触进行热交换，物料在鼓体内被升高后落下，从而实现均匀干燥。旋转鼓的倾斜角度和转速可调，以适应不同物料和干燥要求。由于其连续操作模式和较大的处理能力，旋转鼓式过热蒸汽干燥器在食品行业中得到了广泛的应用。

（二）流化床式过热蒸汽干燥器

流化床式过热蒸汽干燥器利用过热蒸汽作为干燥介质，通过底部的分布板使物料在干燥室内形成流态化状态。这种干燥器特别适用于颗粒状、小块状或颗粒化的物料，如食品、制药和化肥颗粒。在干燥过程中，物料在流态化床内充分悬浮，与过热蒸汽充分接触，从而实现高效的热交换和均匀干燥。流化床式干燥器的设计可以根据物料特性进行优化，以确保最佳的干燥效果和能源利用效率。流化床的动态流态化特性可以避免物料局部过热或结块，保持物料的质量和均一性。流化床式过热蒸汽干燥器在食品和化工行业中尤其受欢迎，适用于要求高品质干燥的物料。

（三）间接式过热蒸汽干燥器

间接式过热蒸汽干燥器是一种利用过热蒸汽作为热源进行干燥的设备，但与被干燥物料之间不直接接触。在这种干燥器中，过热蒸汽流经封闭的管道或板式换热器，物料放置在与这些热交换面相邻的室内。通过这种方式，蒸汽的热量通过热导、辐射或对流的方式传递给物料，而水分蒸发后的湿气则被排出系统。间接式干燥器的主要优点是可以处理那些与蒸汽直接接触可能产生化学反应或品质降低的物料。由于蒸汽不与物料直接接触，可以更好地控制干燥过程中的温度和湿度条件，适用于热敏感或易受污染的物料。间接式过热蒸汽干燥器在食品的干燥中非常有效，尤其在需要精确控制干燥条件的应用中表现出色。

（四）连续式过热蒸汽隧道干燥器

连续式过热蒸汽隧道干燥器是一个较长的隧道形状干燥器，主要用于大批量连续干燥操作。在这种干燥器中，物料通常放置在输送带上，缓慢通过加热区域，这些区域由过热蒸汽供热。物料在通过隧道的过程中，与热蒸汽进行热交换，逐渐去除水分。这种设计特别适合干燥均匀厚度的片状、层状或颗粒状物料。连续式隧道干燥器的优势在于其高效的干燥能力和良好的过程控制，能够实现大规模生产的同时保持产品质量的一致性。由于其连续运行的特性，这种干燥器可以与生产线上的其他工序无缝连接，提高整体生产效率。连续式过热蒸汽隧道干燥器广泛应用于食品加工、农产品加工和化工行业，尤其在需要处理大量物料的场合中效果显著。

四、过热蒸汽干燥技术在食品加工中的应用

（一）果蔬过热蒸汽干燥

蒸汽温度和流速对过热蒸汽干燥马铃薯片的干燥速度都有重要的影响。马铃薯片在较高的蒸汽温度和流速下干燥时收缩程度较低，但是比用低蒸汽温度和流速干燥的颜色要暗，维生素 C 的含量也较低。与用热空气干燥的马铃薯片相比，用蒸汽干燥的薯片收缩度大。在相同的干燥条件下，用蒸汽干燥的薯片要比用热·空气干燥的轻、软一些。过热蒸汽干燥的马铃薯片维生素 C 的含量高于油炸的和热风干燥的，干燥速率也有所提高。

利用过热蒸汽干燥竹笋，干燥时逆转点温度 140~160℃。用 120~160℃的温度烘干竹笋时，竹笋的颜色比热风干燥的要深一些。

（二）甜菜浆过热蒸汽干燥

甜菜浆是糖制造过程中的一个重要中间产品，其干燥是确保糖质量和储存稳定性的关键步骤。传统的热风干燥方法可能会导致糖的部分热分解，影响产物质量。应用过热蒸汽干燥技术于甜菜浆干燥，可以更有效地控制干燥温度，减少热分解风险。过热蒸汽作为干燥介质，不仅提供了干燥所需的高效热传递，同时也减少了氧化反应，从而保护了甜菜浆中的糖分。此外，由于过热蒸汽的高热容，这种干燥方法能够快速且均匀地去除甜菜浆中的水分，保持了糖的纯度和品质。这对于提高糖的产量和质量、延长其储存寿命具有重要意义。

（三）粮食谷物过热蒸汽干燥

粮食谷物的干燥是保证其储存稳定性和防止霉变的关键环节。过热蒸汽干燥技术在谷物干燥中的应用可以有效避免谷物在干燥过程中的过度加热和营养损失。过热蒸汽干燥提供了一种温和且均匀的干燥方式，减少了谷物的开裂和质量下降。与传统干燥方法相比，过热蒸汽干燥能够更均匀地分布热量，减少局部热点的形成，从而保护谷物中的营养成分，如蛋白质和维生素。此外，由于过热蒸汽的封闭循环系统，这种干燥方法还具有较低的能源消耗和环境影响。在谷物处理和储存中，过热蒸汽干燥技术不仅提高了谷物的储存质量，还提升了整个干燥过程的经济性和可持续性。

（四）动物类生鲜食品过热蒸汽干燥

在动物类生鲜食品的干燥处理中，过热蒸汽干燥技术尤为重要。对于肉类、鱼类和海产品等食品，干燥过程中的温度控制至关重要，因为过高的温度可能导致蛋白质变性，影响食品的营养价值和口感。过热蒸汽干燥能够在较低的温度下提供有效的干燥，避免了高温带来的负面影响。此外，由于过热蒸汽是惰性的，它减少了食品在干燥过程中的氧化和微生物污染的风险，从而有助于维持食品的原始风味和营养成分。过热蒸汽干燥还具有较高的热效率和低能耗特性，这对于大规模的动物类生鲜食品加工尤为重要，能够提高生产效率，降低成本。

第四节　热泵干燥技术

一、热泵干燥原理

热泵是一种自身消耗一部分能量，从低温热源吸收热量，在较高温度下放出可以利用热量的装置。热泵干燥系统主要由两个子系统组成，即热泵系统（压缩机、蒸发器、冷凝器、节流装置等）和空气系统（干燥室、风机、电加热器等）组成。通过压缩机做功，热泵系统可使低品位热能提高为高品位热能，同时调控干燥空气的湿度，这是热泵应用于干燥领域最主要的原因。

（一）热泵干燥系统的制冷循环

热泵干燥系统的制冷循环是热泵干燥技术的核心部分。制冷循环系统由压缩机、蒸发器、冷凝器和节流装置等组成，它的基本工作原理是利用压缩机对工作介质（制冷剂）进行压缩，使其温度和压力升高，高温、高压的制冷剂随后流入冷凝器，在冷凝器中释放热量，从而变为液态，这部分释放的热量用于干燥室的加热；接着，液态制冷剂通过节流装置进入蒸发器，在蒸发器中吸收环境中的热量而再次汽化。通过这种循环，热泵干燥系统能不断地从低温源吸热，并在较高温度下释放热量，为干燥室提供所需的热能。在这个过程中，通过压缩机做功，低品位热能被提升为高品位热能，有效地提高了能源利用效率。

（二）热泵干燥系统的空气循环

空气循环系统包括干燥室、风机和电加热器等。在热泵干燥系统中，经过加热的空气由风机送入干燥室内，与待干燥物料进行热交换，实现水分的蒸发和物料的干燥。干燥后的湿热空气被风机吸出干燥室，再经过热泵干燥系统中的蒸发器进行冷却和除湿处理，水分在此过程中被凝结去除。之后，干燥的空气再次被加热并循环送回干燥室。这个空气循环过程不断重复，从而实现连续高效的干燥。空气循环系统设计的关键在于有效控制空气的流向、温度和湿度，以保证干燥过程的均匀性和效率，同时最大限度地减少能量损失。

（三）空气的干燥循环过程

空气的干燥循环是热泵干燥系统运作的核心，它涉及空气的加热、湿物料的干燥以及湿热空气的处理。在这个过程中，干燥室内的空气首先被热泵干燥系统中的冷凝器加热，加热后的干燥空气随后流入干燥室，与待干燥物料进行热交换，使物料中的水分蒸发；蒸发后的湿热空气含有物料释放的水蒸气，这些湿热空气被风机吸出干燥室，并输送到蒸发器。空气的干燥循环过程的关键在于控制空气的温度和流量，确保足够的热量传递给物料，同时保持干燥室内的温度和湿度条件，以达到高效干燥的目的。这一过程不断重复，形成一个闭环系统，实现连续高效的干燥。

（四）去湿冷却过程

去湿冷却过程主要负责处理干燥过程中产生的湿热空气。在这个过程中，从干燥室排出的湿热空气首先进入热泵系统中的蒸发器。在蒸发器中，湿热空气被冷却，空气中的水蒸气因温度下降而凝结成液态水，从而实现除湿。去除水分后的干燥空气被再次加热并送回干燥室。去湿冷却过程不仅减少了系统的总体能耗，还提高了干燥效率。去湿的效果直接影响着干燥系统的整体性能，因此对蒸发器的设计和操作条件的优化至关重要。此外，通过精确控制蒸发器的工作温度和空气流速，我们可以有效地调节系统的去湿效率，确保干燥系统的稳定运行和干燥质量。

二、热泵干燥设备

一般情况下，热泵可用于大多数的干燥过程，即组成热泵干燥装置。干燥器类型的多样性决定了热泵干燥装置的多类性。因此，我们对常见的热泵装置可进行如下的分类。

（一）按干燥器的操作方式分类

根据干燥器的操作方式，我们可将其分为间歇式和连续式热泵干燥装置，

1.间歇式热泵干燥装置

间歇式热泵干燥装置是一种在一定时间周期内操作的干燥系统。在

这种装置中，干燥过程分批进行，每次干燥一个固定量的物料。间歇式干燥装置通常包括一个封闭的干燥室，物料被放置其中进行干燥处理。在每个干燥周期内，热泵系统为干燥室提供加热和除湿。这种干燥方式适合小批量生产和对干燥条件要求较高的应用，如实验室研究、特种食品加工。间歇式热泵干燥装置的优点在于可以针对每批物料精确控制干燥条件，其劣势在于生产效率较低，且每个干燥周期需要人工干预。

2.连续式热泵干燥装置

连续式热泵干燥装置用于无间断地处理大量物料。在这种系统中，物料持续地通过干燥装置，从入口端连续输送至出口端。连续式干燥装置通常采用输送带或其他输送机械来实现物料的持续移动。这种干燥方式适用于大规模生产，其优点在于可以实现高效率的连续生产，降低劳动成本，并提高生产效率。连续式热泵干燥装置的挑战在于需要精确控制干燥参数以确保产品质量的一致性，同时对于不同物料的适应性和灵活性相对较低。

（二）按干燥器的传热方式分类

热泵干燥装置根据传热方式的不同，可分为传导式和对流式热泵干燥装置。

1.传导式热泵干燥装置

传导式热泵干燥装置主要通过热传导的方式将热量直接传递给被干燥物料。在这种装置中，物料与加热面直接接触，加热面包括加热板、滚筒或其他热交换面。热泵干燥系统提供热量给这些加热面，物料吸收这些面的热量，从而实现干燥。传导式热泵干燥装置适用于物料层较薄、热敏感或需要均匀干燥的产品。这种方式的优势在于能够提供稳定的加热和精确的温度控制，适合干燥质地较为稠密或不易在热风中流动的物料。然而，其局限性在于加热面积有限，可能影响干燥效率。

2.对流式热泵干燥装置

对流式热泵干燥装置依靠热空气或其他气体作为热载体，通过对流方式将热量传递给物料。在这种干燥系统中，热泵用于加热空气，然后这些加热后的空气被循环送入干燥室，与物料进行热交换，实现干燥。对流式干燥方式适用于多种物料，特别是颗粒状、片状或块状物料。这种装置的优点在于可以处理较大批量的物料，并且干燥速度相对较快。然而，对流式干燥可能需要较高的空气流速和更多的能量消耗，尤其是在干燥湿度较高的物料时。

（三）按热泵工质与物料的接触方式分类

热泵干燥装置按照热泵工质与物料的接触方式可分为直接式和间接式热泵干燥装置。

1. 直接式热泵干燥装置

在直接式热泵干燥装置中，热泵的工质（如水蒸气或空气）直接与被干燥的物料接触，既起到传递热量的作用，又充当干燥介质。这种方式特别适用于对干燥介质无特殊要求的物料或当干燥介质的同时使用能带来额外的效益时，如在需要同时进行干燥和热处理的场合。直接式热泵干燥装置的优势在于其简单性和直接的热交换效率，但在处理易受热损伤或对干燥介质有特殊要求的物料时，可能存在局限性。

2. 间接式热泵干燥装置

在间接式热泵干燥装置中，热泵系统用于加热干燥介质（如氮气或二氧化碳等），而后该干燥介质与物料接触进行干燥。这种方式可以对干燥过程进行更精细的控制，特别适用于对温度敏感或易受热损伤的物料。间接式热泵干燥装置的主要优点在于可以避免热泵工质直接与物料接触可能引起的化学或物理反应，同时提供了更多的干燥介质选择，从而适应更广泛的物料类型。这种装置通常用于较大规模的生产，广泛应用于食品的干燥处理中。

（四）按干燥介质的循环情况分类

1.闭路式热泵干燥循环装置

闭路式热泵干燥循环装置是一种在封闭系统中循环使用干燥介质的设备。在这种系统中，干燥介质在干燥室和热泵之间循环流动，热泵系统负责加热和除湿干燥介质，然后干燥介质进入干燥室对物料进行干燥。干燥后的湿热介质被再次送回热泵系统，进行冷却和除湿，以备下一轮干燥使用。闭路式装置的优点在于可以精确控制干燥环境（如温度和湿度），适合对干燥条件有严格要求的物料。介质在封闭系统内循环可以减少热能和物料损失，提高能效，并减少环境影响。这种装置适用于需要干净或受控于干燥环境的应用。

2.开路式热泵干燥循环装置

开路式热泵干燥循环装置则在一个开放的系统中操作，干燥介质从外部环境被吸入，经过热泵处理后用于干燥物料，经过干燥的湿热空气随后被排放到外部环境。在这种系统中，热泵负责加热或在某些情况下除湿吸入的空气。开路式系统的主要优点是其简单性和适用性广，能够连续处理大量的物料。由于空气从外部环境被吸入，这种系统通常不需要复杂的空气再循环和处理设备。然而，由于空气直接从环境中被吸入并排放，这种系统可能受外部环境条件的影响较大，如湿度和温度波动。开路式热泵干燥循环装置适用于不需要严格控制干燥环境的应用，如一般的农产品的干燥。

3.半开路式循环热泵干燥装置

半开路式循环热泵干燥装置结合了开路和闭路系统的特点。在这种系统中，一部分空气循环在一个封闭的系统内，另一部分空气则从外部环境被吸入或向外排放。热泵在这种装置中负责加热和除湿循环空气，并将其送入干燥室进行干燥处理。同时，一部分新鲜空气被引入系统以补充或替换部分湿热空气，以维持干燥室内的适宜干燥条件。半开路式系统的优势在于它结合了开路系统的灵活性和闭路系统的能效优势，使系统能够更好地适应不同的干燥需求和环境条件。这种系统在处理大批量或连续生产的物料时，可以提供较好的干燥效果和能源利用率。

4.回热循环的热泵干燥装置

回热循环的热泵干燥装置特别强调能源的回收和再利用。在这种装置中，热泵不仅用于加热干燥介质，还负责回收干燥过程中产生的热能。系统通常包括一个热回收单元，用于从排出的湿热空气中回收热量，并将其再次用于加热新鲜的干燥介质。这种设计显著提高了系统的能源效率，减少了能源消耗。回热循环的热泵干燥装置适用于能源成本较高或对环境影响有严格要求的应用场景。通过回收干燥过程中的热能，这种装置不仅降低了操作成本，还减少了对环境的影响，符合可持续发展的需求，尤其在需要大规模干燥处理且对能源消耗有严格控制的工业领域，回热循环的热泵干燥装置显示出其重要价值。

三、热泵干燥技术在食品加工中的应用

（一）茶叶的干燥

茶叶干燥是保持茶叶品质的关键过程，涉及茶叶的色泽、香气和口感。热泵干燥技术能够在较低温度下有效地去除水分，同时减少茶叶中有益成分的损失。这种技术通过精确控制干燥温度和湿度，保证了茶叶在干燥过程中的均匀干燥，避免了过度干燥或不均匀干燥导致的品质下降。此外，热泵干燥由于其封闭循环系统，减少了外部污染物对茶叶的影响，保持了茶叶的天然色泽和香气。在节能方面，热泵干燥技术相比传统干燥方法能显著降低能源消耗，对于提高茶叶加工效率和降低成本具有重要意义。

（二）种子的干燥

种子的干燥是确保种子质量和延长储存期的重要环节。使用热泵干燥技术对种子进行干燥可以在温和的条件下进行，有效保持种子的活力

和萌发率。热泵干燥技术允许在较低的温度下进行干燥，从而减少了热损伤对种子的影响。这种温和的干燥过程有助于保持种子的生物活性和营养成分，对于种子的长期储存至关重要。同时，热泵干燥系统的高能效性能显著降低种子干燥过程的能源消耗，减少环境影响，提高经济效益。在农业生产和种子处理行业中，热泵干燥技术因其能效高、对种子温和、保质效果好而被广泛采用。

（三）果蔬和水产品的干燥

对于果蔬来说，干燥过程中的温度和湿度控制对于保持其营养成分、色泽和口感至关重要。热泵干燥技术能够在较低的温度下有效去除水分，从而最大限度地减少营养成分的损失和热损伤。这种温和的干燥方式尤其适用于热敏感的果蔬，如叶菜类、柔软的水果等。对于水产品，特别是质地细嫩的鱼类，热泵干燥技术同样提供了一种温和且均匀的干燥方式，保留了产品的质地和风味。此外，热泵干燥技术由于其高能效性，可以显著降低干燥过程的能源消耗，减少对环境的影响，这对于大规模生产的果蔬和水产品加工尤为重要，不仅提高了产品质量，还提升了生产的经济性和可持续性。在现代食品加工行业中，热泵干燥技术因其高效、节能且能保持产品品质而被广泛应用。

第五节　太阳能干燥技术

一、太阳能干燥原理

太阳能干燥是以太阳能代替常规能源来加热干燥介质的干燥过程，它通过热空气与湿物料接触并把热量传递给湿物料，使物料的水分汽化并被带走，从而实现物料的干燥。

太阳能干燥与自然干燥（晒干）的不同之处在于，自然干燥中被干燥物料的温度升高仅仅靠直接吸收太阳辐射，物料周围的温度仍然是环境温度。

太阳能干燥是以太阳能为能源，被干燥的湿物料在温室内直接吸收太阳能，或通过与太阳集热器加热的空气进行对流换热而获得热能。物料表面获得热量后将热量传入物料内部，物料中所含的水分从物料内部以液态或气态形式逐渐到达物料表面，然后通过物料表面的气态界面层扩散到空气中。干燥过程中湿物料所含水分逐步减少，达到预定终态含水率，变成干物料。因此，干燥过程实际上是一个传热、传质过程，包含以下几方面。

第一，太阳能直接或间接加热物料表面，热量由物料表面传至内部。

第二，物料表面的水分首先蒸发，并由流经表面的空气带走。此过程的速率主要取决于空气温度、相对湿度、空气流速及物料与空气的接触面积等外部条件。此过程称为外部条件控制过程。

第三，物料内部水分获得足够能量后，在含水梯度（浓度梯度）或蒸汽压力梯度的作用下，由内部迁移至物料表面。此过程的速率主要取决于物料性质、温度和含水率等内部条件。此过程称为内部条件控制过程。

物料的干燥速率取决于物料内部水分传递的内部条件控制过程以及物料表面水分向外界传递的外部条件控制过程，即取决于两个过程中速率较慢的一个。一般来说，非吸湿性的疏松性物料的两种速率大致相等；而对于吸湿性的多孔物料（如谷物）的干燥速率，前期取决于表面水分汽化速率，后期由于物料内部水分扩散传递速率滞后于表面水分汽化，干燥速率下降。

太阳能干燥是热空气与湿物料间的对流换热，热量由物料表面传至内部，物料的温度外高内低。物料内的水分由内向外迁移，致使含水率内高外低。由于温差和湿度差对水分的推动方向正好相反，结果会使温差削弱内部水分扩散的推动力。当物料内部温差不大时，温差的影响可以忽略不计。另外，在干燥工艺上我们也可以采取一些措施，以减少这种影响。物料干燥过程中，水分不断由物料转移至空气中，空气的相对湿度逐渐增大，因此需要及时排除部分湿空气，同时从外界注入新鲜空气，降低干燥室内空气的湿度，这样干燥过程才能连续进行。

二、太阳能干燥工艺

太阳能干燥工艺是一种利用太阳能进行农产品和其他物料干燥的过程，具体操作流程如下。

（一）原料采收

太阳能干燥的首要步骤是原料的采收，采收的关键在于选择合适的时间点，即在农产品完全成熟时进行采摘。正确的采收时机对于保证干燥物料的品质至关重要，成熟的产品不但具有更好的风味和营养价值，而且更适合干燥处理。

（二）前处理

物料在干燥之前需要进行前处理，包括按等级或大小进行分类、剔除有虫害或霉变的物料以及去除物料中的杂物和尘土等，以保证干燥过程的卫生和干燥后产品的品质。

（三）铺装（装盘）

铺装是将处理好的物料均匀铺设在干燥室的架子或料盘上的过程。装载量应适中，以保证物料平铺且干燥室内部空间利用最佳。合理的铺装有助于实现物料的均匀干燥。

（四）升温蒸发

在白天，我们应随太阳方位的变化适当调整集热器的摆放角度，以最大限度地吸收太阳能。集热器的进风口应在太阳升起时打开，太阳落山前或下雨时关闭。集热器的采光面和干燥器的外罩需要保持清洁，雨后清除顶部积水，以提高干燥效率。

（五）通风排湿

干燥过程中，特别是在前几日，我们需要全天开启风扇排湿或开门排湿，以去除物料中的水分。之后，我们可根据需要只在白天间歇进行排湿，确保干燥室内的湿度控制。

（六）后处理及包装

物料在干燥完成后需要进行后处理，包括检查和挑选出不符合要求的物料以及剔除杂质。后处理后的物料需要进行包装，以得到最终的干燥产品。针对具体物料的特点，我们可能还需要对其进行进一步的深加工处理。

三、太阳能干燥设施

（一）温室型太阳能干燥设施

温室型太阳能干燥设施的核心原理是通过温室效应捕获太阳辐射热，提高内部温度，从而实现对农产品或其他物料的干燥作用。这种设施的设计通常包含几个关键部分：透明覆盖材料、干燥室、通风系统以及必要时的热储存装置。

1.透明覆盖材料

透明覆盖材料是温室干燥设施的关键组成部分，通常采用玻璃或塑料薄膜，这些材料能够有效透过太阳光，同时阻隔部分红外辐射的逸出，从而在内部产生温室效应。优质的覆盖材料还具有耐候性和一定的耐热性。

2.干燥室

干燥室是放置待干燥物料的空间，设计时要考虑空气流通和热量分布的均匀性，以保证干燥效果。干燥室内部通常配有架子或挂钩，用于摆放或悬挂物品。

3.通风系统

为了维持干燥室内的适宜温度和湿度以及排除干燥过程中产生的湿气，通风系统显得尤为重要，这可以通过自然通风（如开窗）或机械通风（如使用风扇）来实现。

4.热储存装置

在太阳辐射不足的情况（如晚上或阴雨天）下，热储存装置可以提供必要的热量，以维持干燥过程。这种装置通常是以水箱或热存储材料（如岩石）的形式存在。

温室型太阳能干燥设施的优点在于其能源来自自然，即太阳能，这使其运行成本较低，对环境的影响也小。然而，这种干燥设施对气候条件有较高的依赖性，且在较长的阴雨季节中效率较低。

（二）集热器型太阳能干燥设施

与温室型相比，集热器型更加专注于通过集热器高效捕获太阳能，并将其转换为热能用于干燥过程。这种设施通常包括太阳能集热器、干燥室、风扇及管道系统、控制系统等组成部分。

1.太阳能集热器

太阳能集热器是集热器型干燥设施的核心部件，其主要功能是吸收太阳辐射并转化为热能。集热器的类型多样，常见的有平板集热器、真空管集热器等。平板集热器以其结构简单、成本较低受到广泛应用。真空管集热器则因其优良的保温性能，在较冷的环境下表现更为出色。

2.干燥室

干燥室用于放置待干燥的物料。与温室型类似，集热器型干燥室的设计也要确保良好的空气流通和热量分布，内部会配备可调节的托盘或挂架，方便放置不同类型的物品。

3.风扇及管道系统

风扇用于促进热空气的循环，管道系统则负责将集热器产生的热空气输送至干燥室。这个系统的设计关键在于确保热空气均匀分布于干燥室内，从而提高干燥效率。

4.控制系统

为了确保干燥过程的稳定性和效率，集热器型干燥设施通常配有温度和湿度控制系统。这些系统可以自动调节风扇的转速、管道中热空气的流量以及集热器的角度，以适应不同的天气条件和干燥需求。

集热器型太阳能干燥设施的优势在于其高效的能量利用率。通过专门设计的集热器，这种设施可以在短时间内产生大量热能，从而加快干燥速度。此外，与直接使用太阳光干燥相比，集热器型太阳能干燥设施可以更好地控制干燥环境，减少因温度过高或不均匀而导致的干燥不良问题。然而，集热器型太阳能干燥设施也存在一些局限：一是其初期投资和维护成本相对较高，这可能对小规模生产者构成财务负担；二是系统的效率在很大程度上取决于太阳辐射的强度，因此在阴天或雨季，其干燥效率可能显著下降。

（三）集热器 – 温室型太阳能干燥设施

集热器 – 温室型太阳能干燥设施结合了集热器型和温室型两种干燥设施的优势，旨在通过高效的太阳能利用和温室效应来提高干燥效率。在这种系统中，太阳能集热器用于捕获和转换太阳能，产生热能；温室结构则用于保持和分布这些热量。集热器通常安装在温室的顶部或侧面，可以有效吸收太阳光，温室内部则设有通风系统以确保热量的均匀分布和湿气的排出。这种结合方式不仅提高了热能的利用效率，还通过温室结构保持了较为稳定的干燥环境，适合多种气候条件和不同类型的干燥需求，尤其适合那些对干燥质量有较高要求的场合。

（四）组合式干燥型太阳能干燥设施

太阳能是间断的多变能源，为了解决供热波动性的问题，我们一般采用太阳能与常规能源或其他供热方式结合的措施。目前，应用较普遍的常规能源为燃煤或电能。我们可以在晴天利用太阳能干燥，夜间或阴雨天气可利用锅炉或电加热器辅助供能；也可以采用各种不同的储热措施（如卵石蓄热装置）来减少干燥室供热波动性的问题。

　　与干空气进入干燥机时一样，湿空气在离开干燥室的时候也会带有几乎一样的热含量，这说明一部分用来干燥的能量是可以通过冷却空气和冷凝水蒸气作为潜热来回收，这可以通过太阳能与热泵联合干燥装置来完成。热泵依靠蒸发器内的制冷工质在低温下吸取热能，经压缩机在冷凝器处于高温下放出热量。组合式干燥是符合国际干燥技术的创新发展趋势的干燥方式。因为每一种干燥方法都有各自的优点和适用范围，组合式干燥正是取其优点而避其缺点。太阳能热泵系统也在性能上弥补了传统的太阳能系统和热泵系统各自的缺点，使整个系统有较大的提高，而系统性能的提高也使运行费用减少，从而降低了系统总投资。

四、太阳能干燥技术在食品加工中的应用

（一）太阳能干燥谷物

　　太阳能干燥技术在谷物加工中的应用是实现可持续农业生产的关键。这种干燥方法利用太阳能作为主要能源，不但环保，而且成本效益高，尤其适用于以农业为主的发展中国家和光照充足的地区。

　　利用太阳能技术干燥谷物时，我们要将这些谷物摊放在太阳光直射的区域，使其自然脱水。为了提高干燥效率和质量，我们常常使用特制的太阳能干燥设施，如温室型干燥设施或集热器型干燥设施。这些设施通过捕获太阳能并将其转化为热能，可加速干燥过程，同时减少由于直接暴露在外部环境中可能带来的污染和品质下降。

　　在用太阳能干燥谷物时，重要的是要控制干燥速度和温度，以防止物料过度干燥或热损害。适当的通风也是关键，它可以帮助排出湿气，并保持干燥空间内的温度和湿度平衡。干燥设施应设有防鸟、防虫和防尘措施，以确保谷物在干燥过程中的卫生和质量。

　　使用太阳能干燥谷物有多个好处。第一，这是一种节能且环境友好

的干燥方法，因为它减少了对化石燃料的依赖和温室气体的排放。第二，与传统的自然晾晒相比，使用太阳能干燥设施可以更好地控制干燥环境，提高干燥速度和产出质量。第三，太阳能干燥技术还减少了由于气候不稳定带来的干燥风险，确保即使在雨季也能持续进行干燥作业。

（二）太阳能干燥果品

太阳能干燥果品技术在我国运用较广泛，尤其是在广东东莞等地区的应用表现突出。这项技术通过高效利用太阳能，显著提升了果品干燥的效率和质量，尤其适用于荔枝、龙眼等肉质水果以及杏脯、苹果干、红枣和梨脯等水果制品。

太阳能干燥装置的容量较大，在温室内，气温可以达到 50 ~ 70 ℃，这样的高温环境能在短短 6 天内完成干燥过程，这与传统的烧煤干燥方法相比，不仅降低了干燥时间，还减轻了劳动强度。更重要的是，太阳能干燥房内的温度较为均匀，有效避免了果脯发生焦糊现象，同时在太阳直射下干燥的果脯色泽更鲜亮，质量更优。

果品的太阳能干燥过程具体包括两个阶段：预热阶段和排湿阶段。

1. 预热阶段

在预热阶段，我们需要将果品放入干燥器，然后关闭干燥器的进气口和排气烟囱。随着太阳辐射逐渐增加，干燥器内的温度逐渐上升。温度上升不宜过快，否则果品的表皮会因急剧脱水而收缩，而此时果品内部的水分仍保持在体内，造成果品破皮裂口，影响干燥质量。

2. 排湿阶段

果品本身的温度升高后，表面水分不断蒸发，果品体内的水分逐渐向表面扩散，干燥室的空气湿度迅速增加。此时，我们应打开干燥器的进气口和排气烟囱，加速气流循环，以便果品排湿；与此同时，我们应不断翻动果品，以保持干燥均匀。夜间应关闭干燥器的进气口和排气烟囱，并在玻璃盖板上覆盖草帘，保持干燥器的室温。

（三）太阳能干燥肉制品

太阳能干燥技术为肉制品加工提供了一种环保且成本效益高的干燥方法。肉制品的干燥过程对温度和湿度的控制要求极高，因为温度和湿度直接关系到产品的品质、口感和保质期。太阳能干燥通过利用太阳能作为热源，能够在较低的温度下进行干燥，这有助于减少肉制品中有益成分（如蛋白质和维生素）的损失，并且减少肉质的热损伤。相比传统的干燥方法，太阳能干燥能更均匀地分布热量，从而保证肉制品干燥的均匀性，避免局部过度干燥或不均匀干燥的问题。在太阳能干燥系统中，肉制品在温控的环境中缓慢失水，这样的干燥过程有助于保持肉制品的风味和纹理。太阳能干燥系统通常是封闭式的，它能够减少肉制品在干燥过程中受到的外部污染，提高食品安全性。在环保方面，太阳能干燥技术使用可再生能源，减少了化石燃料的消耗和碳排放，符合可持续发展的要求。太阳能干燥肉制品技术尤其适合资源有限或寻求环保生产方式的地区，能够有效提升肉制品加工业的能源利用效率和环境友好性。

第九章　现代食品生物技术及应用

第一节　发酵工程及其在食品工业中的应用

一、发酵工程概述

（一）发酵工程的概念

发酵是一种古老且普遍的生物化学过程，主要由微生物（如酵母菌和霉菌）催化，用于生产酒精、酸、气体等代谢产物。发酵过程可在无氧或微氧环境下发生，微生物可将有机物质（如糖）转化为能量，同时产生其他化合物。自古以来，发酵就被用于食品和饮料的制备，如制作面包、酒、酱油等。

发酵工程则是将发酵过程规模化和系统化，以满足工业生产的需求。发酵工程涉及使用控制环境下的特定微生物，优化生产过程以提高产量、效率和产品质量。在食品工业中，发酵工程的应用极为广泛，它不仅改进了传统食品的生产方式，还引入了新的产品和生产技术，从而在保障食品安全、提高生产效率和满足多样化食品需求方面发挥着重要作用。

（二）发酵工程的类型

发酵工程的类型多样，主要可分为好氧发酵、厌氧发酵、固体发酵和液体发酵这四种基本形式。

好氧发酵又称通风发酵，是指在发酵过程中需要充足氧气供应的一种方式。在这种发酵类型中，微生物通过使用氧气作为电子受体来分解有机物，从而产生能量。此类发酵广泛应用于工业生产中，如某些抗生素的生产以及废水处理和堆肥制作中的生物降解过程。好氧发酵过程通常需要维持高水平的氧气浓度，以保证微生物的高效代谢。

厌氧发酵是在没有氧气或氧气极少的环境中进行的发酵过程。在这种条件下，微生物通过使用除氧气以外的物质作为电子受体来分解有机物。厌氧发酵的典型应用包括酒精酿造、沼气生产以及某些乳制品的发酵。厌氧发酵通常在密闭容器中进行，以防止氧气的进入，这有助于维持适宜的微生物代谢环境。

固体发酵是指微生物接种于固态培养基质上的发酵过程。这种发酵类型常见于食品工业，如用于生产传统的发酵食品（如豆豉、面包）和某些类型的抗生素。固体发酵的优点在于它可以使用简单的设备，且能有效模拟自然条件下的微生物生长环境。

液体发酵涉及将微生物接种于液态培养基质中。这是一种较为常见的工业发酵方式，用于生产诸如酒精、乳酸、酵母细胞以及多种酶和生物制品。液体发酵的优势在于易于控制发酵条件（如温度、pH 值和氧气浓度），从而可以更精确地操控产物的产量和质量。

（三）发酵工程的特点

发酵工程作为一种重要的生物技术应用，具有一些显著的特点。

第一，发酵过程的反应条件相对温和。与化学工业生产相比，发酵通常在常温常压下进行，这使整个过程更为安全，对设备和操作的要求也相对简单。这种温和的反应条件有利于维持生物反应的稳定性，减少能耗，同时降低了生产过程中的危险性。例如，在生产抗生素或酶类产品时，采用发酵工程不仅能保持活性物质的稳定，还能在安全的条件下进行大规模生产。

第二，发酵过程的周期短，不受气候和场地的制约。与传统的动植物提取方法相比，发酵可以在几天或几周内完成，大大缩短了生产周期。此外，发酵过程由于主要在反应器内进行，因此不受场地面积和气候条件的限制，这意味着无论是在寒冷还是炎热的地区，发酵工程都可以高效运行，这对于优化生产布局和保证产品稳定供应具有重要意义。

第三，发酵过程在多数情况下利用生物质为原料。发酵生产所需原料主要是农副产品及其加工品（如淀粉、糖蜜、玉米浆、酵母膏等），这些都是可再生资源。这一特点不仅降低了生产成本，还符合可持续发展的理念。通过利用这些生物质资源，发酵工程可以转化原本可能被浪费的物质为有价值的产品（如食品添加剂、生物燃料等），这对于资源的高效利用具有重要意义。

第四，发酵过程具有显著的生物特性。发酵是一种自发的生物过程，只需提供适宜的营养和环境条件，微生物就能进行有效的代谢活动。发酵过程中，细胞始终处于动态变化中，其变化不仅受环境影响，还会对环境产生影响。这种生物特性使发酵过程能够生产出化学合成难以实现的复杂结构物质。在整个过程中，微生物的数量、营养物质浓度、溶氧及 pH 等参数都在不断变化，这些微小的差异都可能影响发酵过程的效率和最终产品的质量。因此，精确控制发酵环境和过程对于确保产品质量和提高产量至关重要。

二、发酵生产工艺流程

除某些转化过程外，典型的发酵工艺过程大致可以划分为以下六个基本过程，如图 8-1 所示。

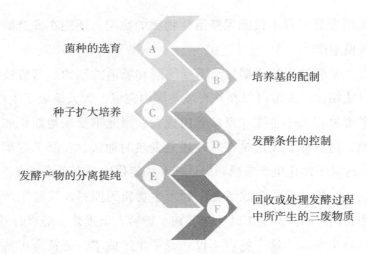

图 8-1　发酵生产工艺流程

（一）菌种的选育

菌种选育是发酵工艺的首要步骤，其目标是筛选出最适合特定发酵条件和产品合成的微生物菌种。这一过程不仅包括对自然界中存在的菌种进行筛选，还涉及通过遗传工程技术改良菌种以增强其生产特定化合物的能力。选育的过程需要考虑菌种的生长速度、代谢能力、对环境因素（如 pH、温度）的适应性以及对原料的转化效率，菌种的稳定性和安全性也是关键因素。在实际操作中，菌种选育可能涉及多轮的筛选和优化，以确保最终选出的菌种能在工业规模的发酵过程中表现出最佳性能。菌种选育直接影响后续发酵过程的效率和产品的质量。

（二）培养基的配制

培养基的配制是发酵工艺中至关重要的一环，它为微生物的生长和代谢提供了必要的营养物质，包括碳源、氮源、矿物盐、维生素及其他微量元素。碳源（如葡萄糖或蔗糖）是微生物生长的主要能量来源；氮源则用于合成氨基酸和蛋白质。培养基的配方需要根据特定微生物的生理需求和所需产物的特性进行优化。例如，某些生产抗生素的微生物可能需要特定类型的氮源以提高产量。培养基的 pH 和渗透压等物理化学性质也需要精确控制，以提供最适宜的生长环境。优化的培养基不仅能提高目标产物的产量，还可以减少不必要的副产物，从而降低后续分离纯化的难度和成本。

（三）种子扩大培养

在大规模的发酵生产中，菌种要达到一定数量才能够满足接种的需要。种子扩大培养是指将保存在砂土管、冷冻干燥管或冰箱中处于休眠状态的生产菌种接入试管斜面活化后，再经过摇瓶及种子罐逐级扩大培养而获得一定数量和质量的纯种培养物的过程，这些纯种培养物称为种子。发酵产物产量和成品质量与菌种性能及种子的制备情况密切相关。

（四）发酵条件的控制

控制发酵条件是确保高效发酵和优质产物的关键。这一阶段涉及对发酵环境中各种参数的精确调控，包括温度、pH、溶氧量、搅拌速度等。温度的控制对于保持微生物活性和代谢速率至关重要，不同微生物对温度的适应范围不同。pH 的调节同样重要，因为它会影响微生物的生长和代谢产物的稳定性。溶氧量的控制对于需氧微生物特别重要，因为氧气是其代谢过程中的关键因子。搅拌速度的调节则影响着培养液中氧气和营养物质的分布均匀性。为了确保最佳发酵效果，我们还需监控如底物浓度、代谢产物浓度和生物量等其他关键参数。这些条件的优化旨在提高产物的产率和质量，同时降低能源和原料的消耗。发酵过程中的这种精细控制不仅需要高度自动化的仪器设备支持，还需要丰富的经验和专业知识。

（五）发酵产物的分离提纯

发酵完成后，下一步是从复杂的发酵液中分离出所需产物，并进行提纯。这个过程的难度取决于目标产物的性质及其在发酵液中的浓度。我们通常首先通过物理方法（如离心、过滤）来去除细胞和大分子杂质，随后根据产物的化学性质，采用萃取、色谱、蒸馏、结晶等方法进行进一步的纯化，这些步骤需要综合考虑成本、效率和产物的稳定性。例如，温和的萃取方法适用于热敏感物质，色谱则可用于分离和纯化结构相似的化合物。在这一阶段，技术的选择和优化对于提高产物纯度、减少能耗和降低生产成本至关重要。这一阶段的操作也需遵循相应的安全和环境保护标准，确保整个过程的可持续性。

（六）回收或处理发酵过程中所产生的三废物质

发酵过程会产生固体废物、废水和废气等三废物质，它们的处理是整个生产过程中不可或缺的一部分。适当的废物管理不仅有助于保护环境，还可能回收一些有价值的副产品。固体废物通常是微生物的细胞残渣，可以通过堆肥化或作为动物饲料的添加剂进行利用。废水处理涉及去除有机物、重金属和其他有害物质，常用的方法包括生物处理、化学沉淀和过滤等。废气（尤其是含有挥发性有机化合物的废气）需要通过焚烧或生物过滤来处理。这些废物处理技术需要根据具体产物和生产规模来选择和优化。合理的废物管理不仅可以减少对环境的影响，还有助于提高资源的循环利用率，从而提高整个生产过程的经济效益和可持续性。

三、发酵工程关键技术

（一）菌种选育技术

菌种选育是按照生产的要求，以微生物遗传变异理论为依据，采用人工方法使菌种发生变异，再用各种筛选方法筛选出符合要求的目标菌种的过程。菌种选育的目的包括改善菌种的基本特性以提高目标产物产量、改进质量、降低生产成本，以及改革工艺、方便管理及综合利用等。选育菌种的基本方法有以下几种。

1. 自然选育

自然选育是一种利用自然环境下微生物自身发生的遗传变异来选育

新菌株的方法。这个过程不需要对微生物进行人为的遗传干预，而是依赖于自然条件下微生物种群中的自然变异。通过长时间的培养和筛选，我们可从中挑选出适应特定环境或具有所需特性的菌株。这种方法简单自然，但由于变异的不可控性和随机性，其效率相对较低，且难以获得目标特性。

2. 诱变育种

诱变育种是通过人工方法诱导微生物产生遗传变异的技术。这种方法通常使用物理诱变剂（如紫外线、γ射线）或化学诱变剂（如亚硝酸盐、乙基甲磺酸）来处理微生物，以增加其遗传变异率。经过诱变处理的微生物群体中会产生大量不同的遗传变异，然后通过筛选，我们可以获得具有优良性状的菌株。诱变育种的优点是变异率高，能较快获得所需特性的菌株，但也可能带来一些不可预测的变异效果。

3. 杂交育种

杂交育种是通过将两个不同菌株的遗传物质进行结合，从而产生新的菌株的方法。这种方法主要用于真菌和放线菌等微生物。通过人工控制菌株间的杂交，我们可以将两个菌株的优良性状结合在一起，创造出性状更优良的新菌株。杂交育种可以显著提高菌株的生产性能，但操作过程复杂，且受限于菌种的生物学特性。

4. 原生质体融合育种

原生质体融合育种是通过将不同微生物的原生质体（细胞壁被去除的细胞）融合，使其遗传物质混合，从而产生新的遗传特性的方法。这种技术可以跨越种属界限，将不同种类的微生物的优良性状结合在一起。原生质体融合育种的应用范围广泛，可以创造出许多传统方法难以获得的新菌株，但技术要求高，操作复杂。

5. 代谢工程育种

代谢工程育种是一种通过改造微生物的代谢途径来改善其生产性能的方法。这种方法涉及对微生物的代谢途径进行深入研究，通过遗传工程技术调控特定的酶活性或代谢途径，以增强微生物生产目标产物的能力。代谢工程育种可以精准地改善菌株的特定性状，提高产品的产量和质量，但需要深入的代谢机理研究作为支持。

6. 基因工程育种

基因工程育种是通过直接操控微生物的基因来获得具有所需性状的菌株的方法。这种方法利用现代分子生物学技术（如基因克隆、基因编辑等），直接在微生物基因组中插入、删除或修改特定基因。基因工程育种可以非常精确地对菌株的遗传特性进行改造，是当前微生物选育中比较先进和有效的方法之一。

7. 基因组改组

基因组改组是一种更为全面和深入的基因工程育种方法，它不仅限于单个或几个基因的改变，而是对整个基因组进行优化和重组，包括通过基因组编辑技术进行大规模的基因重排、删除或引入，以全面改善菌株的生产性能。基因组改组的优点是可以实现更为全面和根本的生物性状改良，但技术复杂度和成本也相应更高。

（二）纯种培养技术

在发酵工程中，纯种培养技术是一项至关重要的技术，它确保了发酵过程中只有特定的生产菌参与，避免了杂菌的污染。这一技术的核心在于实现微生物的无菌培养，其重要性体现在直接关系到发酵过程的成败。如果无菌问题解决不好，可能导致产品数量减少、质量下降，甚至在严重情况下会造成整个发酵过程的倒灌，严重影响生产。为了保证纯种发酵，我们需要在生产菌种接种之前对发酵培养基、空气系统、流加料、发酵罐及管道系统等进行彻底的灭菌处理；还需要对生产环境进行消毒，以防止杂菌和噬菌体的大量繁殖，这是防止杂菌污染的关键步骤。

发酵工业中常用的无菌技术包括：干热灭菌法，这种方法使用高温干热来杀灭微生物，通常适用于耐高温的材料和设备的灭菌；湿热灭菌法，这是一种广泛应用的灭菌方法，通过高温饱和蒸汽对微生物进行杀灭，适用于大多数微生物培养基和一些耐热的器具；射线灭菌法，这种方法利用γ射线或其他射线对微生物进行照射，以达到灭菌的目的，适用于一些不能高温处理的材料；化学药剂灭菌法，这种方法使用各种化学消毒剂来杀灭或抑制微生物的生长，适用于一些敏感器材或环境的灭菌；过滤除菌法，这种方法通过物理过滤的方式去除微生物，常用于空气和液体的无菌处理；火焰灭菌法，这种方法使用火焰直接灼烧微生物，常用于实验室中小型器械的快速灭菌。

（三）发酵过程优化技术

微生物发酵是菌体大量生长繁殖并逐步合成和积累代谢产物的动态过程，是整个发酵工程的中心环节。发酵过程中发酵罐内部的代谢变化（菌体形态、菌体浓度、营养物质浓度、pH、溶解氧浓度、产物浓度、温度等）较为复杂，次级代谢产物的发酵就更加复杂，受诸多因素影响。因此，我们有必要对发酵过程进行优化，以提高微生物的发酵效率。发酵过程优化包括从微生物细胞层面到宏观生化反应层面的优化，从而使细胞的生理调节、细胞环境、反应器特性、工艺操作条件与反应器控制之间复杂的相互作用尽可能简化，并对这些条件和相互关系进行优化，使之最适于特定发酵过程进行的系统优化方法。这种优化主要涉及细胞生长过程、微生物反应的化学计量、生物反应动力学以及生物反应器工程方面。

（四）发酵过程放大技术

这一技术是将实验室规模的发酵过程转化为工业规模生产的步骤，是将实验室研究成果转化为实际应用的关键环节。发酵过程放大不仅是简单地增加发酵罐的体积，还涉及多个复杂的因素，如物料的传输和混合、氧气的供应、温度的控制、pH的调节以及代谢产物的移除等。在放大过程中，我们需要仔细考虑和调整这些参数，以保证发酵过程在大规模生产时的稳定性和效率。其中，氧气传递是一个特别重要的考虑因素，因为在大规模发酵罐中，氧气的传递效率可能会降低；温度控制和副产物的积累也可能成为放大过程中的问题。因此,发酵过程放大需要通过对这些关键参数的精细控制和优化,确保生产过程的顺利进行。这不仅需要深入理解发酵过程的生物学和工程学原理,还需要对实验数据进行详细分析,以预测和解决放大过程中可能出现的问题。

(五) 发酵过程自动监测、控制技术

该技术主要涉及对发酵过程中的关键参数进行实时监测和自动控制,以确保发酵过程的稳定性和产品的质量。这些参数包括温度、pH、溶解氧水平、养分浓度、代谢产物浓度等。通过自动监测技术,我们可以实时获取这些参数的数据,从而及时调整发酵条件,以优化生产过程。例如,温度和 pH 的适当控制对于大多数微生物的生长和代谢产物的合成至关重要;溶解氧水平的监控和控制则对需氧发酵过程尤为重要。自动控制系统的使用大大提高了生产过程的稳定性,减少了人为错误的可能性,并可以优化生产条件,提高产品产量和质量。随着生物技术和自动化技术的发展,发酵过程的自动监测和控制技术也在不断进步。如今,许多发酵过程都配备了先进的传感器和控制系统,这些系统可以基于实时数据做出快速反应,从而确保发酵过程的最佳运行条件。这些技术也有助于实现更加精准的生产过程控制,提高生产效率,降低成本,同时为发酵过程提供更好的可重复性和可预测性。

(六) 发酵工程下游分离纯化技术

发酵产物的下游分离纯化是将发酵目标产物进行提取、浓缩、纯化和成品化的过程。发酵产品的生物分离技术及工艺设计不仅取决于发酵产物的存在部位、理化特性(如分子形状、大小、电荷、溶解度等)、含量、提取与精制过程规模等,还与产品的类型、用途、价值大小以及最终质量要求有关。通常,分离纯化成本在整个发酵产物生产成本中占有很大比例,一般为 50%～70%,有的甚至高达 90%,往往成为实施生化过程代替化学过程生产的制约因素。因此,设计合理的提取与精制过程来提高产品质量和降低生产成本才能真正实现发酵产品的商业化大规模生产。

四、发酵工程在食品工业中的应用

（一）酒类生产

酒类生产主要是利用酵母菌等微生物对糖类物质进行发酵，产生酒精及其他风味物质的过程。这一过程中，发酵工程的核心是对酵母菌发酵活动进行精确控制，以确保最终产品的品质和口感。酿酒过程包括原料的选择和处理、糖化、发酵、陈化、过滤和包装等多个阶段。原料的选择直接影响酒的风味和品质，不同类型的酒（如葡萄酒、啤酒、烈酒等）使用不同的原料。糖化过程可将原料中的淀粉转化为发酵可用的糖类。发酵阶段是整个酿酒过程的核心，需要精细控制温度、pH、氧气供应等条件，以促进酵母菌的有效发酵。陈化过程则是提升酒的风味和口感的重要步骤。在整个酒类生产过程中，科学的发酵工程技术可以显著提高酒精产量，优化酒的风味特性，确保产品品质的稳定性。

（二）氨基酸生产

氨基酸（如谷氨酸、赖氨酸等）是许多食品中重要的味道成分和营养添加剂。氨基酸的发酵生产主要利用特定的微生物（如酵母菌）将含碳源（如糖类）、氮源（如氨或尿素）等原料转化为氨基酸。这一过程涉及微生物代谢工程、菌种选育、发酵条件的优化等多个方面。菌种的选择和改良是关键，优良的菌株可以提高氨基酸的产量和发酵效率。发酵过程需要精确控制 pH、温度、氧气供应、原料投加等条件，以确保高效的氨基酸生产。此外，下游的提取和纯化工艺也是保证氨基酸产品质量和生产效率的关键环节。发酵工程技术的应用可以实现大规模、低成本的氨基酸生产，满足食品工业和其他领域对氨基酸日益增长的需求。

（三）有机酸生产

有机酸被广泛用作食品的防腐剂、酸味剂和 pH 调节剂，对食品工业的贡献非常显著。例如，乳酸是通过乳酸菌发酵糖类原料（如葡萄糖、乳糖）产生的，是制作酸奶、发酵乳等乳制品的关键成分；柠檬酸主要通过曲霉菌（如黑曲霉）的发酵得到，广泛用于饮料、糖果和罐头食品中；醋酸主要是通过醋酸杆菌发酵乙醇而成，是醋的主要成分。在有机酸的发酵过程中，控制发酵条件（如温度、pH、氧气供应、原料浓度等）是至关重要的，这些条件直接影响发酵效率和产物的质量。除此之外，菌种的选择和改良也非常关键，优良的菌株可以提高有机酸的产量和发酵速率。发酵完成后，我们还需要进行下游的提取和纯化工序，以得到高纯度的有机酸产品。发酵工程技术的应用可以实现有机酸的高效、低成本生产，满足食品工业对有机酸日益增长的需求。

（四）单细胞蛋白的发酵生产

单细胞蛋白（SCP）是一种由微生物细胞（如细菌、酵母菌、藻类）组成的蛋白质源，其因高蛋白含量和快速生长特性而被视为未来蛋白质补充的重要途径。SCP 的生产主要依赖于微生物在特定培养基中的快速增殖，可以使用各种低成本和废弃的原料，如糖蜜、农业废弃物、石油副产品等。在 SCP 的生产过程中，关键技术包括菌种的选择与改良、发酵条件（如温度、pH、养分供应等）的优化以及发酵过程的控制和监测。高效的 SCP 生产需要确保微生物的快速生长和高蛋白质产量，同时要考虑产品的安全性和营养价值。SCP 作为一种新型的蛋白质源，不仅在食品工业中有潜在应用，还对解决全球食品安全问题具有重要意义。SCP生产的可持续性和对环境的低影响，使其成为未来食品工业中的重要发展方向。通过发酵工程技术的创新和应用，SCP 的生产效率和经济性有望不断提高，为全球食品供应提供新的解决方案。

第二节　酶工程及其在食品工业中的应用

一、酶工程原理和技术

（一）酶工程的概念

酶工程是生物工程的一个分支，专注于酶的生产、提纯、改性和应用的研究与开发，涉及酶的发现、生物合成、分离技术以及酶活性和稳定性的改善。酶工程的核心在于利用酶的生物催化特性来实现工业生产过程的优化，使之更高效、特异性强、条件温和且环境友好。酶工程包括两个方面：一是利用分子生物学技术改造酶的分子结构，以提高其活性、稳定性和底物特异性；二是开发新的酶反应系统和酶反应器，以实现工业规模的酶催化生产。酶工程的发展还包括对酶催化机制的深入研究以及通过生物信息学和计算生物学方法设计新的酶或改良现有酶。酶作为高效的生物催化剂，在食品工业、制药工业、生物能源以及环境保护等领域都有着广泛的应用，而酶工程正是实现这些应用的关键技术途径。

（二）酶的特性

1.催化效率高

酶作为生物催化剂，其显著的特性之一是具有极高的催化效率。酶能够显著加速化学反应的速率，而且这种加速作用远超过普通化学催化剂。这是因为酶能够降低化学反应的活化能，使原本需要高能量才能进行的反应在较低的能量条件下迅速发生。例如，一些酶催化的反应速率可以比没有酶的情况下快上几百万甚至几十亿倍。这种高效率的催化作用使酶在各种生物化学过程中都扮演着关键角色，同时使其在工业应用中具有极高的价值。

2.特异性强

酶具有极高的底物特异性，意味着它们通常只能催化特定的底物或特定类型的化学反应。这种特异性源于酶的三维结构，特别是活性位点的结构，它决定了酶与特定底物的精确结合。这一特性使酶在生物体内能够准确地调控各种代谢路径，不会引起不必要的副反应。在工业应用中，酶的高度特异性使它们在合成特定化合物时可以具有很高的选择性，从而减少副产品的生成并提高产品的纯度。

3.活性受条件影响

酶的活性受多种条件的影响，如温度、pH、离子浓度和底物浓度等。其中，温度对酶的活性影响尤为显著，每种酶都有其最适温度，在此温度下活性最高，超过最适温度，酶的结构可能会受损，导致活性下降；pH 的变化会影响酶的电荷状态和三维结构，从而影响其活性。这些特性要求在使用酶进行工业生产时必须精确控制反应条件，以保持酶的活性和稳定性。

4.可受调控和抑制

酶的活性可以通过多种方式进行调控和抑制。酶活性的调控通常通过底物浓度的变化实现，当底物浓度过高时，酶的活性会降低，这种现象称为反馈抑制，是细胞调控代谢的一种方式。酶也可以被特定的化合物抑制，这些抑制剂可能与底物竞争性地结合到酶的活性位点，或与酶的其他部位结合影响酶的活性。这种特性使酶在调控生物体的代谢过程中发挥着关键作用，同时为开发特定的酶抑制剂提供了可能，这在药物开发等领域中尤为重要。

（三）酶的生产方式

1.微生物发酵法

微生物发酵法是酶生产中常用且有效的方法之一。该方法利用特定的微生物（如细菌或酵母菌）在适宜的培养基和环境条件下生长繁殖，同时产生酶。该方法通过优化培养条件（如温度、pH、氧气供应和养分浓度），可以增加酶的产量。微生物发酵法的优点包括产量高、成本相对较低、易于大规模生产以及可以通过基因工程手段改造微生物，增强其产酶能力。选择合适的微生物和发酵工艺对于提高酶产量和降低生产成本至关重要。微生物发酵法还方便进行酶的后续提纯和处理。

2. 植物和动物提取法

在某些情况下，特定的酶可以从植物或动物组织中提取。这种方法通常用于那些无法通过微生物表达或者微生物表达效率较低的特殊酶。植物和动物提取法的主要步骤包括原料的准备、细胞破壁、提取和纯化。这种方法可以获得高活性和高特异性的酶，但成本通常较高，且受原料来源的限制，不适合大规模生产。

3. 基因重组技术

基因重组技术是现代酶生产的一个重要方向，它通过将目标酶的基因插入宿主微生物的基因组中，可以使宿主微生物表达出所需的酶。这种方法的优点在于可以大量生产难以通过自然微生物或植物、动物提取的酶，且生产过程可控、产量高、稳定性好。基因重组技术还可以用于改良酶的性能，如提高其热稳定性、改变底物特异性等。此技术的挑战在于需要精确的基因操作技术以及对表达系统的深入了解。

4. 固定化酶技术

固定化酶技术虽然不是酶的直接生产方式，但在工业酶生产中却扮演着重要角色。固定化是将游离酶固定在固定载体上，使其在反应过程中稳定下来。固定化酶可以重复使用，以提高酶的经济效益，同时便于酶的回收和连续化生产。固定化酶技术在食品工业、制药工业等领域有广泛应用。固定化过程需要选择合适的载体和固定化方法，以保持酶的活性和稳定性。

（四）酶的改造与修饰

酶的改造与修饰是现代酶工程领域的一个重要方向，目的是通过各种技术手段改变酶的分子结构，从而改善酶的特性和功能，以适应不同的工业应用需求。目前，虽然酶制剂的产量已经相当可观，但在高活性和精制品种方面还存在限制，品种单一，应用范围受限。因此，酶的改造与修饰成为提升酶应用潜力的关键途径。目前酶的修饰技术主要有以下四种。

1. 金属离子置换修饰

许多酶的活性中心包含金属离子，这些离子对酶的催化功能起着至关重要的作用。金属离子置换修饰可以改变酶的活性和稳定性，这种修饰方法通过添加不同的金属离子，使酶呈现不同的特性。例如，某些金属离子的添加可能增强酶的活性或提高其在极端条件下的稳定性，而另一些离子可能导致酶活性的降低或失活。

2. 大分子结合修饰

这种方法是将水溶性的大分子（如聚乙二醇）与酶分子结合，使酶分子的空间结构发生精细变化，从而影响酶的特性和功能。大分子结合修饰可以提高酶的溶解性，增加其在非水性溶剂中的稳定性或改变其对底物的特异性。

3. 肽链有限水解修饰

利用特定的蛋白酶对酶进行有限水解，可以引起酶分子空间结构的微小改变。这种结构的改变可能使酶的特性发生变化，如活性的提高或对不同 pH 和温度的适应性增强。这种方法的关键在于控制水解程度，避免过度水解导致酶活性的丧失。

4. 酶的化学修饰

在分子水平上对酶进行化学修饰是一种更为精细的改造方法，它通过将酶的侧链基团与某些化学基团进行共价连接，从而改变酶的物理化学性质。化学修饰可以增强酶的热稳定性，改变其对底物或抑制剂的亲和力，甚至可以引入全新的催化活性。

（五）酶反应器

酶反应器是在生物工程和化工领域中用于进行酶催化反应的设备，它是实现酶促反应工业化的核心组件。酶反应器的设计和操作直接影响酶催化过程的效率和产品的质量。

1. 酶反应器类型

酶反应器有多种类型，包括固定床反应器、流化床反应器、搅拌槽反应器和膜反应器等。固定床反应器中，酶通常被固定在一个固定的床层上，底物流经此床层时发生反应。流化床反应器中，固定化酶颗粒被液体搅拌起来，形成流化状态，提高了底物与酶的接触效率。搅拌槽反应器适用于游离酶的反应，它通过搅拌确保底物和酶的充分混合。膜反应器则利用半透膜来分隔酶和底物，允许底物通过并与酶反应，同时保持酶的分离。

2. 操作模式

酶反应器可以按不同的操作模式运行，包括批次式、连续式和半连续式。批次式反应器可在每次反应中加入固定量的底物和酶，完成反应后再取出产品。连续式反应器可持续地供给底物并排出产品，适用于大规模生产。半连续式反应器结合了批次式和连续式的特点，适用于一些特殊的工艺要求。

3. 酶反应器的发展

在过去的几十年里，酶工程技术取得了显著的进步。然而，在众多已知的酶中，真正在工业上被广泛利用的仍然只是一小部分，主要集中在水解酶和异构酶这两大类。大多数情况下，这些应用仅涉及单一酶系统，这就对酶反应器的设计和操作提出了较高的要求。为了提高效率和功能，人们正在研发第二代酶反应器，包括以下几种类型：辅因子再生反应器、快速移除产物的酶反应器、两相或多相反应器以及多酶反应器。其中，多相反应器发展较快，可用于合成具有医疗价值的大环内酯和光学聚酯的脂肪酶系统。不过，总体来看，第二代酶反应器目前大多还处于实验室研究阶段，需要进一步的发展和完善。酶的高度分子识别功能以及固定化酶的可重复使用特点，使其有潜力被开发为用于生产分析和临床化学检测的酶传感器。

二、酶工程在食品工业中的应用

（一）酶工程在制糖工业中的应用

1.葡萄糖的生产

葡萄糖通常是通过淀粉的水解过程得到的，而这一过程十分依赖酶的催化作用。使用淀粉酶和葡萄糖苷酶等酶，可以将淀粉分解成葡萄糖。这一过程包括两个主要步骤：首先，淀粉酶（如 α- 淀粉酶）将淀粉分解成较小的多糖和寡糖；接着，葡萄糖苷酶（如糖化酶）将这些多糖和寡糖进一步水解为葡萄糖。这种酶促方法相比酸水解法更为温和、效率更高，且产品纯度更高。酶的使用也降低了对环境的影响，并提高了生产过程的控制性和可预测性。

2.果葡糖浆的生产

果葡糖浆是一种广泛应用于食品工业的甜味剂，由葡萄糖和果糖组成。在其生产过程中，酶工程技术同样发挥着重要作用：首先利用淀粉酶将淀粉水解成葡萄糖，然后通过果糖转化酶将部分葡萄糖转化为果糖，从而产生高果糖浆。这种方法的优势在于能够精确控制葡萄糖和果糖的比例，以满足不同食品加工的需求。与传统的化学方法相比，酶法生产的果葡糖浆纯度高，口感更佳，且更环保。

3.超高麦芽糖浆的生产

超高麦芽糖浆是一种高麦芽糖含量的甜味剂，通常用于食品和饮料的甜味、保湿和质构改善。其生产主要依赖酶的作用，特别是 α- 淀粉酶和转麦芽糖酶。在这个过程中，α- 淀粉酶首先将淀粉水解成较小的糖类分子，然后转麦芽糖酶作用于这些分子，将其转化为麦芽糖。这种方法可以高效地生产具有特定麦芽糖含量的浆料，满足不同食品工业的需求。酶法生产的超高麦芽糖浆具有更好的稳定性和保湿性，是一种优质的食品添加剂。

（二）酶工程在蛋白制品生产中的应用

酶工程在蛋白制品生产中发挥着关键作用，尤其是在改善蛋白质的功能特性、提高其营养价值和生物利用度方面。通过特定酶的作用，酶工程可以对蛋白质进行水解，产生具有特定功能特性的肽段或自由氨基酸。这些酶处理的蛋白质在食品工业中用于提高食品的口感、营养价值和消化吸收率。例如，在乳品工业中，利用蛋白酶制备水解乳蛋白，可用于婴幼儿配方奶粉，以减少过敏反应并提高营养吸收。酶工程技术还被用于改善植物蛋白的溶解性和功能性（如豆类蛋白的改良），使其更适合作为肉类替代品和其他食品成分。酶的选择性作用可以定向改造蛋白质结构，获得具有特定功能和特性的蛋白制品，满足不同食品工业的需求。酶在蛋白制品生产中的应用见表8-1。

表8-1 酶在蛋白制品生产中的应用

蛋白制品的种类	应用的酶	酶的用途
乳制品	凝乳蛋白酶	制奶酪
	乳糖酶	水解乳中乳糖，生产低乳糖奶，防止乳糖不耐症；防止其在炼乳、冰激凌中呈砂样结晶析出
	过氧化氢酶	去除杀菌时残留在牛奶或奶酪中的过氧化氢
	脂肪酶	干酪、黄油增香
蛋制品	葡萄糖氧化酶	去除全蛋粉、蛋黄粉中存在的少量葡萄糖，防止产品褐变或产生异味，保持产品色、香、味特性

续　表

蛋白制品的种类	应用的酶	酶的用途
鱼制品	蛋白酶	生产鱼蛋白粉等
	三甲基胺氧化酶	脱腥除味
肉制品	木瓜蛋白酶	生产嫩肉粉
	蛋白酶	生产明胶、制造肉类蛋白水解物（蛋白胨、氨基酸等）
	溶菌酶	肉类制品保鲜、防腐

（三）酶工程在啤酒生产中的应用

啤酒的主要原料包括麦芽、水、啤酒花和酵母菌，而麦芽中的酶是啤酒酿造过程中的关键因素之一。

在啤酒的生产过程中，大麦经过浸泡、发芽和烘干的步骤，形成麦芽。在发芽过程中，麦芽中的天然酶（如 α- 淀粉酶和 β- 淀粉酶）被激活，这些酶负责将大麦中的淀粉转化为可发酵的糖类，主要是麦芽糖。这一转化过程对于啤酒酿造至关重要，因为这些糖类是酵母菌发酵产生酒精和二氧化碳的基础。在接下来的酿造过程中，麦芽被磨碎并与水混合，形成"麦汁"。在糖化阶段，淀粉酶继续将淀粉转化为糖类。接着，麦汁被加热以停止酶的作用，然后加入啤酒花进行煮沸。煮沸过程不仅提取了啤酒花的香味和苦味物质，还有助于消毒和净化麦汁。在冷却后，酵母菌被加入麦汁中，开始发酵过程。酵母菌利用麦汁中的糖类进行发酵，产生酒精和二氧化碳，形成啤酒的基本成分。发酵过程中，酵母菌产生的其他代谢物质也对啤酒的风味有重要影响。

234

第三节　基因工程及其在食品工业中的应用

一、基因工程概述

（一）基因工程的概念与特点

基因工程是一种通过人为手段修改和重组生物的遗传物质（DNA 或 RNA）的技术，通常涉及识别、切割、复制和修改基因，然后将这些基因重新组合或插入其他生物体基因中。基因工程的目的是改变生物体的遗传特性，以产生新的特性或改进现有特性。这项技术在农业、医学、工业和食品科学领域都有广泛应用。

基因工程技术具有如下特点。

1.高度精确

利用现代分子生物学工具（如 CRISPR-Cas9 基因编辑技术），科学家能够以前所未有的精确度对特定基因进行定位、编辑和修饰。这种精确性使基因工程不仅能够在单个基因水平上进行操作，还能够确保所引入的改变具有可预测性和可重复性，从而在食品工业中创造出具有一定特性的作物和微生物。

2.快速高效

与传统的育种技术相比，基因工程更为快速和高效。通过直接在分子层面上进行操作，基因工程可以在相对较短的时间内实现对生物性状的改良。这种快速性不仅意味着可以在更短的时间内获得所需的生物特性，还意味着可以快速响应市场和环境的变化，如开发抗旱、抗病的作物品种。

3.应用广泛

基因工程的另一个特点是其广泛的应用范围。在食品工业中，基因工程技术被用于开发具有改良营养特性、增强抗性和提高产量的作物。此外，基因工程还用于生产转基因微生物，用于食品加工和发酵过程，如生产酶、维生素和其他食品添加剂。

（二）基因工程的要素及操作过程

1.基因工程的要素

基因工程是一项将基因从一种生物转移到另一种生物的先进技术，其操作涉及三个基本要素：供体、受体和载体。

（1）供体。供体是基因工程中提供外源 DNA 的元素。这些 DNA 可以源于不同的生物体，也可通过人工方式合成。外源 DNA 包含了想要转移或插入受体细胞中的特定基因。例如，在农业上，我们可能会从具有耐旱特性的植物中提取 DNA 作为供体，目的是将这一特性转移到作物中以提高作物的耐旱能力。供体 DNA 的选择直接关系到基因工程的目标和效果，因此在进行基因工程时对供体 DNA 的选择和准备需要极其谨慎。

（2）受体。受体是接受外源 DNA 的细胞。这些细胞可以是细菌、酵母或哺乳动物细胞等。受体细胞的选择取决于基因工程的目标。例如，如果目标是生产某种蛋白质，我们可能会选择那些能够高效表达目标蛋白的细胞作为受体。受体细胞在接收外源 DNA 后，会通过其自身的生物机制表达所插入的基因，从而展现出新的性状或功能。

（3）载体。载体在基因工程中扮演着 DNA 运输工具的角色。它是一种经过遗传学改造的分子（如质粒、噬菌体或病毒），用于将外源 DNA 送入受体细胞。载体不仅需要能够有效地携带外源 DNA，还必须能够确保 DNA 在进入受体细胞后能够正确地整合到受体细胞的基因组中。载体的设计和选择对于基因工程的成功至关重要，需要考虑其稳定性、转移效率以及对受体细胞的安全性。

2.基因工程的操作过程

一个完整的基因工程操作过程一般包括以下几个阶段：第一，获得所需的目的基因；第二，把目的基因与所需的载体连接在一起，即重组；第三，把重组载体导入宿主细胞；第四，对目的基因进行检测与鉴定；第五，目的基因在宿主细胞进行表达。

二、基因工程在食品工业中的应用

（一）改良食品加工原料的性状

1.利用基因工程改良动物性食品性状

通过对动物的遗传物质进行编辑和改造，基因工程技术可以改变动物的生长速度、肉质、耐病能力以及营养价值。例如，通过基因工程技术，科学家可以将特定基因插入家禽或家畜细胞中，使它们产生更多的肌肉组织，从而提高肉类的产量和质量；还可以通过基因编辑减少动物产品中不利于健康的成分，如降低牛奶中的乳糖含量，使之更适合乳糖不耐受的消费者；通过增强动物对特定疾病的抵抗力，可以减少在养殖过程中使用抗生素和其他药物，从而提高食品的安全性。这些改良不仅有助于提高食品的营养价值和食用质量，还有助于提高养殖效率和可持续性。

2.利用基因工程改良植物性食品性状

基因工程在改良植物性食品性状方面同样具有广泛的应用。通过对作物基因进行编辑，基因工程技术可以增强作物的耐旱、耐盐、抗病虫害等特性，从而提高作物的产量和适应性。例如，我们可以通过转入特定的基因，使作物能够在更干旱或盐碱化的土壤中生长，或者使其对特定病虫害有更强的抵抗力。除了提高产量和耐受性，基因工程还被用于改善作物的营养价值，如通过基因编辑提高某些蔬菜和水果中的维生素和矿物质含量。基因工程技术还可以用于改变作物的味道、色泽和储藏性能，使其更符合市场和消费者的需求。这些改良有助于增加食品的多样性，同时提升食品的营养价值和可持续性。

（二）改造食品微生物菌种

1.改善微生物菌种性能

基因工程技术可以增强微生物的特定功能，如提高产酶能力、增强对环境胁迫的耐受性、提升营养物质的合成效率等。例如，通过基因编辑，科学家能够增强酵母菌或其他微生物产生酒精、有机酸、香料等次生代谢产物的能力，从而提高发酵食品的品质和产量。基因工程还可以用于开发新型微生物菌株，用于生产特定食品添加剂或营养成分，如维生素、氨基酸和多聚糖等。通过改造微生物菌种，基因工程技术不仅可以提高食品生产的效率和经济性，还可以改善食品的营养价值和口感，确保食品安全。

2.改善乳酸菌遗传特性

乳酸菌在食品工业中具有广泛的应用，特别是在乳制品和发酵食品的生产中。基因工程技术的应用使科学家能够改善乳酸菌的遗传特性，以适应特定的工业需求。例如，科学家可以通过基因编辑增强乳酸菌对特定环境条件的耐受性，如提高其在低 pH 或高盐浓度条件下的生存能力；还可以改造乳酸菌以提高其代谢产物的多样性和含量，如增强其产生特定香味成分或生物活性物质的能力。乳酸菌的这些改良有助于提高发酵食品的品质和安全性，同时可以用于开发具有特定健康益处的功能性食品。通过对乳酸菌的遗传特性进行改善，基因工程技术可以使这些微生物更适合工业生产的需求，从而在食品工业中发挥更大的作用。

（三）改进食品生产工艺

1.改进果糖和乙醇生产方法

乙醇和果糖的生产通常以谷物为原料，这需要使用淀粉酶等分解原料中的糖类物质。但是传统的酶造价高，而且只能使用一次，生产成本较高。我们可利用基因工程技术对这些酶进行改造，如改变编码 α - 淀粉酶和葡萄糖淀粉酶的基因，使其具有相同的最适温度和最适 pH，即可减少生产步骤；利用 DNA 重组技术可获得直接分解粗淀粉的酶，可节省明胶化过程中所需的大量能量，从而降低成本。

2.改进酒精生产工艺

我们可利用基因工程技术将霉菌的淀粉酶基因转入大肠杆菌，并将此基因进一步转入单细胞酵母菌中，使之直接利用淀粉生产酒精。这样可以简化酒精生产工艺中的高压蒸煮工序，从而达到节省能源的目的。

参考文献

[1] 翟玮玮. 食品加工原理 [M]. 2 版. 北京：中国轻工业出版社, 2018.

[2] 胡卓炎, 梁建芬. 食品加工与保藏原理 [M]. 北京：中国农业大学出版社, 2020.

[3] 张慧君, 王培清. 食品加工技术原理 [M]. 武汉：华中科技大学出版社, 2013.

[4] 刘波, 左锋, 郦金龙. 食品加工与保藏的原理及方法 [M]. 上海：上海交通大学出版社, 2017.

[5] 伍淑婕. 现代食品加工原理与技术 [M]. 北京：新华出版社, 2017.

[6] 刘达玉, 王卫. 食品保藏加工原理与技术 [M]. 北京：科学出版社, 2014.

[7] 张柏林, 杜为民, 郑彩霞, 等. 生物技术与食品加工 [M]. 北京：化学工业出版社, 2005.

[8] 张根生, 韩冰. 食品加工单元操作原理 [M]. 北京：科学出版社, 2013.

[9] 曾庆孝. 食品加工与保藏原理 [M]. 北京：化学工业出版社, 2002.

[10] 张丽. 食品加工机械设备原理及应用 [M]. 北京：中国原子能出版社, 2015.

[11] 肖旭霖. 食品加工机械与设备 [M]. 北京：中国轻工业出版社, 2000.

[12] 田国庆. 食品冷加工工艺 [M]. 北京：机械工业出版社, 2003.

[13] 罗云波, 生吉萍. 食品生物技术导论 [M]. 北京：化学工业出版社, 2006.

[14] 肖志刚，吴非．食品焙烤原理及技术 [M]. 北京：化学工业出版社，2008.

[15] 赵赟，张建，张临颖．食品加工技术概论 [M]. 北京：中国商业出版社，2018.

[16] 张海臣，曲波．粮油食品加工技术 [M]. 北京：中国轻工业出版社，2020.

[17] 华泽钊，李云飞，刘宝林．食品冷冻冷藏原理与设备 [M]. 北京：机械工业出版社，1999..

[18] 顾金兰．食品加工技术概论 [M]. 北京：中国轻工业出版社，2020.

[19] 徐凌．发酵食品加工工艺 [M]. 北京：中国农业大学出版社，2020.

[20] 魏强华．食品加工技术与应用 [M]. 2 版．重庆：重庆大学出版社，2020.

[21] 高孔荣，黄惠华，梁照为．食品分离技术 [M]. 广州：华南理工大学出版社，1998.

[22] 杨昌鹏，韩双．食品深加工技术 [M]. 北京：中国农业大学出版社，2020.

[23] 王如福，李汴生．食品工艺学概论 [M]. 北京：中国轻工业出版社，2006.

[24] 尹永祺，方维明．食品生物技术 [M]. 北京：中国纺织出版社有限公司，2021.

[25] 袁仲．食品生物技术 [M]. 武汉：华中科技大学出版社，2012.

[26] 王向东，赵良忠．食品生物技术 [M]. 南京：东南大学出版社，2007.

[27] 罗云波，生吉萍．食品生物技术导论 [M]. 2 版．北京：中国农业大学出版社，2011.

[28] 姜毓君，包怡红，李杰．食品生物技术基础与应用 [M]. 哈尔滨：黑龙江科学技术出版社，2007.

[29] 赵兴绪．转基因食品生物技术及其安全评价 [M]. 北京：中国轻工业出版社，2009.

[30] 张柏林，杜为民，郑彩霞，等．生物技术与食品加工 [M]. 北京：化学

工业出版社，2005.

[31] 段续．新型食品干燥技术及应用 [M]．北京：化学工业出版社，2018.

[32] 段续．食品微波干燥技术及装备 [M]．北京：化学工业出版社，2020.

[33] 段续．食品冷冻干燥技术与设备 [M]．北京：化学工业出版社，2017.

[34] 张慜，王玉川，牟俊达．食品高效优质干燥技术 [M]．南京：江苏凤凰科学技术出版社，2015.

[35] 朱文学．食品干燥原理与技术 [M]．北京：科学出版社，2009.

[36] 张慜．生鲜食品保质干燥新技术理论与实践 [M]．北京：化学工业出版社，2009.

[37] 石彦国．食品挤压与膨化技术 [M]．北京：科学出版社，2011.

[38] 尚永彪，唐浩国．膨化食品加工技术 [M]．北京：化学工业出版社，2007.

[39] 毕金峰．食品变温压差膨化联合干燥理论与技术 [M]．北京：科学出版社，2015.

[40] 高福成，郑建仙．食品工程高新技术 [M]．2 版．北京：中国轻工业出版社，2020.

[41] 张海臣，曲波．粮油食品加工技术 [M]．北京：中国轻工业出版社，2020.

[42] 刘宝林．食品冷冻冷藏学 [M]．北京：中国农业出版社，2010.

[43] 杨昌鹏，韩双．食品深加工技术 [M]．北京：中国农业大学出版社，2020.

[44] 王世平．食品安全检测技术 [M]．北京：中国农业大学出版社，2016.

[45] 鲍琳．食品冷冻冷藏技术 [M]．北京：中国轻工业出版社，2016.

[46] 田红梅．自热食品加工技术研究进展 [J]．现代食品，2023，29 (17): 30-33，39.

[47] 王瑾．水产品预调理食品加工关键技术探讨 [J]．科技创新与生产力，2023，44 (8): 5-7，11.

[48] 金锋．新型食品加工技术对食品营养的影响 [J]．中国食品工业，2023

(15): 106-107，110.

[49] 薛海，王梓．新型土豆食品加工技术的探讨 [J]. 农业与技术，2023, 43 (14): 178-180.

[50] 郑静洁．马铃薯食品加工技术研究 [J]. 中国食品工业，2023 (14): 94-96.

[51] 陈雯钰．论食品加工技术对食品安全及营养的影响 [J]. 现代食品，2023, 29 (12): 82-84.

[52] 朱莉．真空低温烹调技术在半成品食品加工中的运用探讨 [J]. 现代食品，2023, 29 (10): 85-87.

[53] 弓志青，王雪玲，孔令宝，等．低含油率真空油炸金针菇加工工艺 [J]. 农村新技术，2023 (6): 63.

[54] 洪佳伟．坚果炒货食品加工过程中原位富集抗氧化肽关键技术的研究 [D]. 芜湖：安徽工程大学，2023.

[55] 龚凡，王鹏，纪顺，等．五香糯玉米粒真空罐头腌制加工技术 [J]. 农村科技，2023 (3): 61-63.

[56] 熊中平，李爱媚．新食品加工技术对食品品质的影响 [J]. 中国食品工业，2023 (9): 94-96.

[57] 何华军．食品加工过程中质量技术监管的作用 [J]. 中国食品工业，2023 (8): 30-31.

[58] 刘昌．速冻食品加工工艺优化及应用 [J]. 现代食品，2023, 29 (4): 34-36.

[59] 周安玲，贾西灵，鲁怀强．肉味香精加工技术研究与应用进展 [J]. 保鲜与加工，2023, 23 (1): 75-80.

[60] 程佳馨．干燥技术在果蔬加工中的应用 [J]. 中国食品，2023(1): 139-141.

[61] 王李壹一．气 / 液态氮在食品加工技术中的应用机制和研究进展 [J]. 现代食品，2022, 28 (24): 121-123.